高等院校动画专业核心系列教材

主编　王建华　马振龙　副主编　何小青

三维动画基础

肖常庆　编著

中国建筑工业出版社

总 序
INTRODUCTION

　　动画产业作为文化创意产业的重要组成部分，除经济功能之外，在很大程度上承担着塑造和确立国家文化形象的历史使命。

　　近年来，随着国家政策的大力扶持，中国动画产业也得到了迅猛发展。在前进中总结历史，我们发现：中国动画经历了20世纪20年代的闪亮登场，60年代的辉煌成就，80年代中后期的徘徊衰落。进入新世纪，中国经济实力和文化影响力的增强带动了文化产业的兴起，中国动画开始了当代二次创业——重新突围。2010年，动画片产量达到22万分钟，首次超过美国、日本，成为世界第一。

　　在动画产业这种井喷式发展背景下，人才匮乏已经成为制约动画产业进一步做大做强的关键因素。动画产业的发展，专业人才的缺乏，推动了高等院校动画教育的迅速发展。中国动画教育尽管从20世纪50年代就已经开始，但直到2000年，设立动画专业的学校少、招生少、规模小。此后，从2000年到2006年5月，6年时间全国新增303所高等院校开设动画专业，平均一个星期就有一所大学开设动画专业。到2011年上半年，国内大约2400多所高校开设了动画或与动画相关的专业，这是自1978年恢复高考以来，除艺术设计专业之外，出现的第二个"大跃进"专业。

　　面对如此庞大的动画专业学生，如何培养，已经成为所有动画教育者面对的现实，因此必须解决三个问题：师资培养、课程设置、教材建设。目前在所有专业中，动画专业教材建设的空间是最大的，也是各高校最重视的专业发展措施。一个专业发展成熟与否，实际上从其教材建设的数量与质量上就可以体现出来。高校动画专业教材的建设现状主要体现在以下三方面：一是动画类教材数量多，精品少。近10年来，动画专业类教材出版数量与日俱增，从最初上架在美术类、影视类、电脑类专柜，到目前在各大书店、图书馆拥有自身的专柜，乃至成为一大品种、门类。涵盖内容从动画概论到动画技法，可以说数量众多。与此同时，国内原创动画教材的精品很少，甚至一些优秀的动画教材仍需要依靠引进。二是操作技术类教材多，理论研究的教材少，而从文化学、传播学等学术角度系统研究动画艺术的教材可以说少之又少。三是选题视野狭窄，缺乏系统性、合理性、科学性。动画是一种综合性视听形式，它具有集技术、艺术和新媒介三种属性于一体的专业特点，要求教材建设既涉及技术、艺术，又涉及媒介，而目前的教材还很不理想。

基于以上现实，中国建筑工业出版社审时度势，邀请了国内较早且成熟开设动画专业的多家先进院校的学者、教授及业界专家，在总结国内外和自身教学经验的基础上，策划和编写了这套高等院校动画专业核心系列教材，以期改变目前此类教材市场之现状，更为满足动画学生之所需。

本系列教材在以下几方面力求有新的突破与特色：

选题跨学科性——扩大目前动画专业教学视野。动画本身就是一个跨学科专业，涉及艺术、技术，横跨美术学、传播学、影视学、文化学、经济学等，但传统的动画教材大多局限于动画本身，学科视野狭窄。本系列教材除了传统的动画理论、技法之外，增加研究动画文化、动画传播、动画产业等分册，力求使动画专业的学生能够适应多样的社会人才需求。

学科系统性——强调动画知识培养的系统性。目前国内动画专业教材建设，与其他学科相比，大多缺乏系统性、完整性。本系列教材力求构建动画专业的完整性、系统性，帮助学生系统地掌握动画各领域、各环节的主要内容。

层次兼顾性——兼顾本科和研究生教学层次。本系列教材既有针对本科低年级的动画概论、动画技法教材，也有针对本科高年级或研究生阶段的动画研究方法和动画文化理论。使其教学内容更加充实，同时深度上也有明显增加，力求培养本科低年级学生的动手能力和本科高年级及研究生的科研能力，适应目前不断发展的动画专业高层次教学要求。

内容前沿性——突出高层次制作、研究能力的培养。目前动画教材比较简略，多停留在技法培养和知识传授上，本系列教材力求在动画制作能力培养的基础上，突出对动画深层次理论的讨论，注重对许多前沿和专题问题的研究、展望，让学生及时抓住学科发展的脉络，引导他们对前沿问题展开自己的思考与探索。

教学实用性——实用于教与学。教材是根据教学大纲编写、供教学使用和要求学生掌握的学习工具，它不同于学术论著、技法介绍或操作手册。因此，教材的编写与出版，必须在体现学科特点与教学规律的基础上，根据不同教学对象和教学大纲的要求，结合相应的教学方式进行编写，确保实用于教与学。同时，除文字教材外，视听教材也是不可缺少的。本系列教材正是出于这些考虑，特别在一些教材后面附配套教学光盘，以方便教师备课和学生的自我学习。

适用广泛性——国内院校动画专业能够普遍使用。打破地域和学校局限，邀请国内不同地区具有代表性的动画院校专家学者或骨干教师参与编写本系列教材，力求最大限度地体现不同院校、不同教师的教学思想与方法，达到本系列动画教材学术观念的广泛性、互补性。

"百花齐放，百家争鸣"是我国文化事业发展的方针，本系列教材的推出，进一步充实和完善了当下动画教材建设的百花园，也必将推进动画学科的进一步发展。我们相信，只要学界与业界合力前进，力戒急功近利的浮躁心态，采取切实可行的措施，就能不断向中国动画产业输送合格的专业人才，保持中国动画产业的健康、可持续发展，最终实现动画"中国学派"的伟大复兴。

丛书主编：　　　　　　中国传媒大学新闻学院

　　　　　　　　　　　　天津理工大学艺术学院

前 言

在当前动画热的浪潮中，最有魅力、涉及面最广的当属三维动画。三维动画作为计算机美术的一个重要分支，是建立在动画艺术和计算机软硬件技术发展基础上而形成的一种相对独立新型的艺术形式，一般称为计算机三维动画。对计算机三维动画技术的应用和研究始于 20 世纪 90 年代初期。1992 年北京工业大学 CAD 中心和北京科教电影制片厂联合完成了一部完全采用计算机三维动画技术制作的科教影片《相似》。1993 年，他们又同香港先涛公司、香港 ACC 公司合作制作了北京申办 2000 年奥运会的动画宣传片《北京欢迎您》。三维动画是计算机图形学的一个重要分支，同时就三维动画所涉及的应用范围来看，它遍布于现实生活的各个领域，从电影电视特效、栏目包装、广告片头、建筑设计、工业造型、游戏动画、视觉模拟，到科研航天研究、地理模拟、军事仿真等各个领域。三维动画已经悄无声息地渗入到我们日常生活的方方面面。教材《三维动画基础》主要是针对当前三维动画领域状况，通过六个章节的详细介绍，使同学们了解在学习三维动画这个专业过程中，大家需要具备的基本知识和常规技能。

笔者切身理解当前"动画热"、"就业难"和"招聘难"的矛盾现状。动画热，同学们不难理解，随着社会的不断发展和国家相关政策的支持，社会上各个领域对动画人才需求不断增加，因而相应地出现动画热的现象；就业难就是学动画的同学很多，但是毕业后找工作却发现困难重重；招聘难主要是面对众多的动画专业求职毕业生，却很难招聘到符合公司要求的合格动画师。造成这种矛盾状况的原因何在？主要是当前同学们过分注重单一软件的操作学习，忽视美学素养和美术基本功，始终以一种软件操作员的思维去面对社会。

三维动画是一门思维创意的艺术与科学的综合学科，它不仅仅是一项纯粹的操作技术，它需要的是思维、创意、技能、表达的"四位一体"，在本书中笔者从理论教学和公司实际项目实践的角度出发，对作为一名称职的三维动画师应该掌握的基本知识和要点进行详细阐述。教材第一章从三维动画的基础理论常识出发，结合当前三维动画影片分析，将晦涩难懂的三维动画理论知识，利用通俗易懂的语言进行分析论证。第二、三、四章从常规的角色、场景、道具部分详细阐述创作手法、制作技巧及禁忌，是对第一章三维基本知识点的拓宽和深化。第五章也是本教材的重点章节，主要从项目实践创作的角度，按照公司商业运营模式的流程，从前期策划到中期制作，到最后后期合成输出完整影片。通过十几个不同的环节和步骤进行详细的讲解，不仅包括自身的创作技巧，而且还涉及整个流程的前后继承关系，不是将其每个模块完全割裂开来，而是将三维动画整个创作流程作为一个有机体进行详细分析讲解。同时，对三维动画学习过程中涉及的软件，包括三维软件和后期剪辑合成软件进行简要的介绍，目的是让同学们掌握理论知识点的同时，清晰地了解需要使用哪些软件去制作。第六章主要是对三维动画应用领域进行作品欣赏，使同学们了解三维动画能应用于哪些领域？在各个领域能做什么？起到什么作用。

《三维动画基础》这本教材主要是针对三维动画学习的基础性知识进行讲解，以理论知识讲解为主，结合笔者的实践经验，重在学习三维动画的基本理论素养和三维空间思维理念。面对市面上大量充斥单纯讲解软件操作命令技法书籍的现状，希望本书能为三维动画专业的学生在学习动画的同时，获取一些感悟和体会，这将是笔者最大的欣慰。

目 录
CONTENTS

总序
前言

001
理论基础部分

第1章　三维动画基础概述……………… 002
　1.1　三维动画基础知识 ……………… 002
　1.2　三维动画基础划分 ……………… 006

021
制作基础部分

第2章　三维动画角色制作基础……………… 022
　2.1　三维动画人物角色基础 ………… 022
　2.2　三维动画动物角色基础 ………… 044
　2.3　三维动画变形角色基础 ………… 046

第3章　三维动画场景制作基础……………… 050
　3.1　三维场景类型风格关系统一 ……… 050
　3.2　三维场景项目设置统一 ………… 054

第4章　三维动画道具制作基础……………… 060
　4.1　三维动画道具风格设计原则 ……… 060
　4.2　三维动画道具材质设计原则 ……… 062

069
综合基础部分

第5章　三维动画综合制作基础……………… 070
　5.1　三维动画制作应用领域 ………… 070
　5.2　三维动画综合制作流程 ………… 073
　5.3　三维动画综合制作软件 ………… 103

119
综合赏析部分

第6章　三维动画作品赏析……………… 120
　6.1　三维动画作品 ……………… 120
　6.2　游戏动画作品 ……………… 122
　6.3　影视特效包装作品 ……………… 125
　6.4　建筑漫游虚拟作品 ……………… 127
　6.5　科研医学模拟作品 ……………… 130

参考文献 ……………… 140
后　记 ……………… 141

理论基础部分

第 1 章 三维动画基础概述

1.1 三维动画基础知识

《海底总动员》、《超人特工队》、《冰河世纪》、《2012》、《阿凡达》等这些经典的影片我们并不陌生，甚至反复观看很多遍，当我们看到那些各具异能，但勇敢善良的超人家族，能歌善舞的狮子，足智多谋聪明可爱的海底家族（图1-1），以及场面壮观的洪水地震时，我们为之震撼、惊讶！你可曾想到这些令人难以置信的特效及逼真的人物角色到底是怎么制作出来的呢？其实幕后的英雄主要归功于优秀的艺术家们利用三维动画及后期

（a）

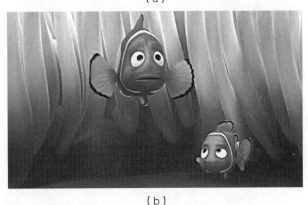

（b）

图1-1　选自影片《马达加斯加》《海底总动员》

特效共同模拟完成的。艺术家正是借助三维动画这个平台，将他们的创意、想象的理论变为现实，三维动画是一个涉及范围很广的话题，需要我们一步一步不断地深入学习研究。

1.1.1　三维动画的概念

意大利诗人和电影先驱乔托·卡努杜在1911年的论文《第七艺术宣言》中，第一次宣称电影为建筑、绘画、雕塑、音乐、舞蹈、诗歌之后的第七艺术，动画同电影一样是利用声画时空媒介的综合艺术，故认为动画是继电影之后的"第八艺术"。

动画，英译文为"Animation"或"Animating"，"Animation"一词源自于拉丁文字根的"anima"，意思为灵魂，动词"animate"是赋予生命，引申为使某物活起来的意思。动画作为一门艺术表达的形式，指"经绘画或其他造型艺术手段作为人物和环境空间造型的表现手法"、是一种与真人表演、现场实拍影视剧所不同，赋予非生命物像符号运动表演轨迹的艺术形式，所以"Animation"可以解释为通过创作者的安排，使原本不具生命的物体获得生命般的思维或形体上的运动。

现实世界中每个真实存在的事物都具有自己的质量并占据着一定的空间、具有一定的体积和造型，即使薄薄一张纸或一栋建筑等都具有空间立体维数。现实生活中"点、线"叫做一维，"线段"组成的平面叫做二维，"平面"组成的立体叫做三维。所谓三维，是人为规定的互相交错的三个坐标方向，用这个三维坐标轴向，理论上把整个世界任意一点的位置确定下来。所谓的三维空间是指我们所处的立体环境空间，理解为前后、上下、左右三维立体空间（图1-2）。

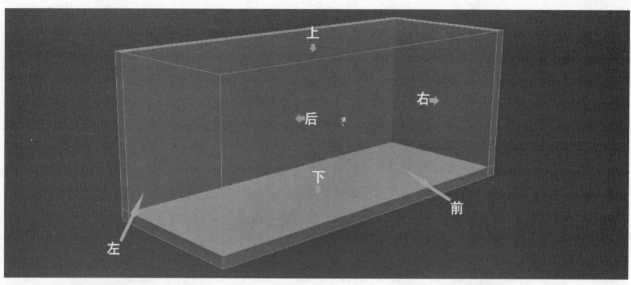

图 1-2　空间表达（肖常庆制作）

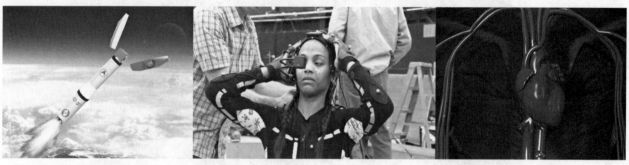

图 1-3　三维应用（源于网络）

三维动画又称"3D 计算机动画"，是在计算机中利用相关三维动画软件建立一个虚拟的三维空间，操作者在这个虚拟的三维空间中将要表现对象的尺寸、比例、形状进行模型创建，再根据项目要求设定模型的运动轨迹、虚拟摄影机的路径变化和其他动画参数，最后为模型赋予需要的材质、贴图并打上不同类型的灯光，最终将这些运动变化过程记录生成动态或序列画面产生视频动画。三维动画模拟三维立体空间模式比二维图像更直观、更形象，实物模拟的方式使其成为一个超前的工具，能给观赏者以身临其境的感受，尤其适用于那些尚未实现或准备实施而且投资性较大、短时间无法完成的项目，使观者提前领略实施后的最终效果。因其精确性、真实性和无限的可操作性，目前被广泛应用于医学、教育、军事、娱乐、地理模拟等诸多领域（图 1-3）。

1.1.2　三维动画的特征

三维动画是近十几年来兴起的一种动画种类，从单个静态模型（如工业产品造型），单个的模型场景（如地产广告），到复杂的动态场景（如电视包装、三维人物虚拟、影视特效等），都是利用电脑技术及艺术借助三维动画相关软件制作而成的。总结来有以下几个特征：

1. 艺术与技术的科学统一性

三维动画是一项艺术和技术紧密结合的工作。三维动画在技术上充分体现项目的要求，能够逼真地模拟现实环境或创造常规拍摄所无法实现的场景和事件；在艺术上借鉴创意设计的一些法则，更多是要按影视动画艺术的规律来进行创作，在画面色调、构图、明暗、镜头设计组接、节奏把握等方面进行了艺术的再创造。从微观世界到宏观世界，从真实空间到想象空间，三维动画都可以出色地表现（图1-4）。

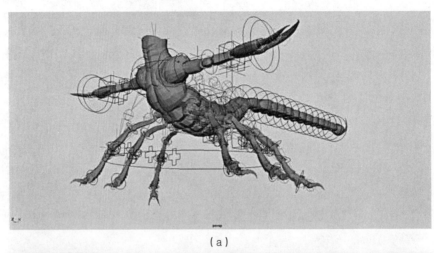

（a）

（b）

（c）

图1-4　蝎子精创作过程（源于火星官网）

2. 创作手段的独特性

三维动画是一门虚拟艺术，它不但能够创作一些未来的想象效果，更重要的是能够对已经消失的或正在消失的历史进行虚拟还原，只要有足够的历史资料，完全可以重现当年的历史场景，比如在电影《圆明园》中利用三维动画成功地还原了被八国联军烧毁的圆明园全景图，重现了当年皇家园林的风范（图 1-5）。

更重要的是三维动画虚拟技术不受季节、时间、空间的限制，可以随时随地模拟刮风、下雨、下雪等效果。特别是对一些危险性的项目，比如跳崖、坠楼、火灾、地震等项目的模拟。通常，只要在室内进行蓝绿屏真人拍摄，再配合三维虚拟场景动画合成就能达到最终效果，最大程度减少了危险的系数（图 1-6）。

（a）

（b）

图 1-5　选自影片《圆明园》

（a）

（b）

图 1-6　抠像合成（选自 Dylan Cole 作品）

3. 修改的可控性和操作的复杂性

三维动画由于其软件的本身特性决定了其操作项目可以进行无限制的反复修改，但是过分的依赖其修改的反复性是一把双刃剑，便于修改的同时也为犯错留下了借口，而且反复修改会浪费大量时间也等同于浪费大量资金。项目中绝大多数制作需要命令性的数值程序化操作，表面看似简单但是要精通并熟练运用却需多年不懈的努力，不仅在艺术修养上，同时还要随着软件的更新不断学习新的技术，由于三维动画的复杂性，即使最优秀的三维专家也不可能精通动画的所有方面，所以在三维动画的学习中要循序渐进、戒骄戒躁。

4. 团队的合作性

目前很多电视动画片的播出习惯是每天一集或每周五到七集的状况，三维动画片的工艺流程决定了影片的制作过程是庞大而繁杂的，特别是三维商业动画片，涉及大量的模型创建、贴图绘制和最终渲染等问题。所以动画制作的时间要求的很紧张而且要保证按时完成，因此需要各部门众多人员共同合作完成。这种合作按照创作工艺流程是一种相对固定的模式，比如人设组、建模组、灯光组、材质贴图组、合成组等，动画的创作工艺流程大体类似，各个公司根据情况各具特色，在步骤上略有区别但基本都是以上工序。

1.2 三维动画基础划分

在各类动画当中，最复杂最有魅力、应用范围最广的当属三维动画。三维动画的创作有点类似于剧组拍摄，需要导演、摄影、美术、演员、灯光、道具等各部门共同协作。三维动画类似于这样一个工作流程，创作一部完整的动画片需要建模、材质、灯光、渲染等几大模块组合，通过对各个程序步骤的不断深入才能最终完成影片的创作。所以三维动画创作是一个涵盖非常广泛的工作，需要划分为各个不同模块，单独深入学习研究。

1.2.1 三维动画建模基础

三维就是具有三个轴向（x轴、y轴、z轴）的立体空间，与之相对应的是长、宽、高立体空间（图1-7）。"动画"就是将需要运动的过

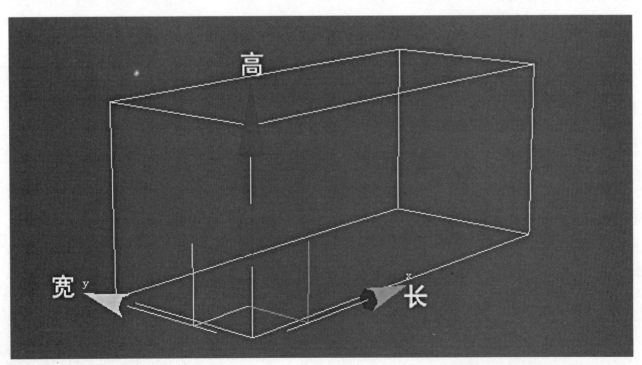

图1-7 三维坐标轴（肖常庆制作）

程以特有的方式记录下来，"建"就是创建模型的一系列操作过程，"模"就是立体模型。三维动画建模一般是指在三维软件（如 3Dmax、SoftImage、Maya）中，通过使用点、线、面等元素在一个虚拟空间里完成物体的建造、调整、修改、动画记录等过程，最终创建出我们需要的三维立体模型。

三维建模是计算机视觉、计算机图形学、计算机辅助设计的核心模块，是很多领域的基础性工作。三维建模已经不能算是一项新的技术，在国外，建模早在几十年前就已经应用到了地质模拟上了，严格来讲三维建模从技术角度上基本可分为三大类：

1. 仪器设备程序建模

基于现实的物体，由计算机程序经一系列精密复杂的机械步骤，形成三维立体模型的过程。如三维扫描仪（3 Dimensional Scanner）又称为三维数字化仪器（3 Dimensional Digitizer），它是当前使用的对实际物体三维建模的重要工具之一。原理是它能快速方便地将真实世界的立体彩色信息转换为计算机能直接处理的数字信号，为实物数字化的转化提供了有效的手段。优点是精确度高，生成结果速度快，操作方便，可实现自动化和序列化批量处理过程，其缺点是价格昂贵，而且过分的程序化过程会导致作品单一，过于千篇一律而缺乏独特性。一般常用于航空航天遥感拍摄图像、医学检查造影回馈及地质勘探等。

2. 交互式图像视频建模

这是在仪器设备程序建模的基础上基于图像的建模和绘制技术，提供给我们获得照片真实感的一种最自然的方式，在建模的过程中加入一系列的可控性阶段，由技术人员参与建模，建模速度更快、更方便，可以获得很高的绘制速度和高度的真实感。由于图像本身包含着丰富的场景信息，自然容易从图像中获得照片般逼真的场景模型，较程序建模有一定的灵活性，但人为独特性及操作可控性不强。

3. 手动三维建模

它是在三维动画制作领域进行模型创建过程中，动画师利用软件（3Dmax、Softimage、Maya、AutoCAD 等）人工手动建模方式，它们的共同特点是利用一些基本的几何元素，如立方体、球体等，通过一系列具体操作构建复杂的模型效果。这种方式的缺点是耗时较长，需要较高软件操作技巧和一定的美学修养，而且在建模的准确度方面低于前两款方式；优点是准确地反映设计者意图、操作方便灵活、可操控性高，广泛用于三维动画的各个领域，这种建模类型是目前三维动画制作领域常用的方式，而且依据模型的特点又被划分为多种建模方法，一般主流分为网格 Mesh 建模、多边形 Polygon 建模、面片 Patch 建模、Nurbs 样条曲线建模等。

1）多边形建模是最常见和最广泛的一种建模方式，创建原理是利用立方体、圆球体、圆柱体等，一些基本的几何形体作为原始模型，通过一系列相关操作，如位移、旋转、挤压、布尔运算等来构建复杂的模型创建。一般利用类似基本形体进行相应建模，如创建角色头部模型通过圆球体进行相应的移动、挤压及科学布线最终完成角色头部的创建；如创建建筑模型通过立方体进行相应地移动、挤压、复制及删减面最终达到建筑模型的创建。多边形建模利用原始物体进行不断修改、增加、复制等系列操作，逐渐接近最终效果，而且方法比较容易理解，建模过程中操作者可进行反复修改和更多地发挥想象空间，在技术操作上大量使用点、线、面的编辑操作，在 360°空间范围都可灵活多变观察和调整。所以适合创建任何简单或复杂的模型，特别是在人物角色的模型创建方面有自己独特的方法（图 1-8）。

2）Nurbs 样条曲线建模是建立在数学原理公式基础上的一种建模方法，创建原理是先创建若干 Nurbs 样条曲线，然后将这些曲线连接起来形成所需要的曲面模型，也就是利用曲线生成面进而组成体块，最后利用 Nurbs 的形状调节进行有目的修改进而得到较为复杂的曲面模型。Nurbs

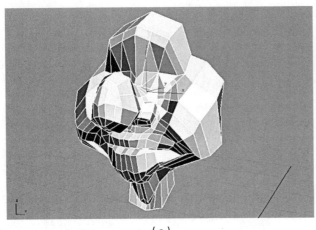
（a）

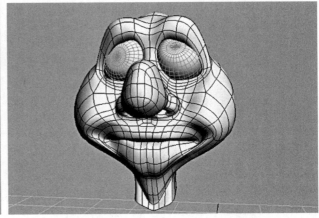
（b）

图 1-8　多边形建模（肖常庆作品）

样条曲线是基于线条上的控制节点调节模型表面曲度，自动精确计算出表面弧度，相对面片建模和多边形建模，Nurbs 样条曲线建模可使用更少的控制点来创建更加平滑的曲线，若配合拉伸、放样、旋转和挤压等操作，可以创建出各种形状的曲面物体。适用于创建复杂的曲面模型和呈流线型外观的工业造型产品，如跑车、工艺品等有机曲面对象。当然，相比较对于外观造型硬朗的机械或建筑多边形建模方式则更方便。Nurbs 样条曲线建模速度较快但复杂性较大，需要对曲面建模有

一定的认识所以不太适合初学者学习，最好先学习多边形建模再来学习 Nurbs 样条曲线建模。

3）网格 Mesh 建模是多边形建模的前身，在早期版本中多边形建模开发还不完善，主要利用网格 Mesh 建模来完成，网格建模方式兼容性较好，它将多边形划分为三角面，制作的模型占用系统资源最少，运行速度最快，在较少的面数下也可制作较为复杂的模型，早期在游戏模型制作中经常使用。后来随着网格建模技术的迅速发展，多边形建模技术渐渐淡化，现在极少使用（图 1-9）。

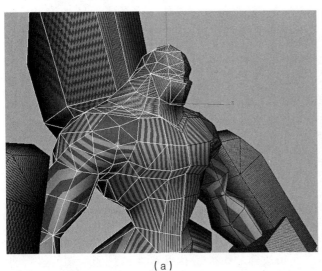
（a）

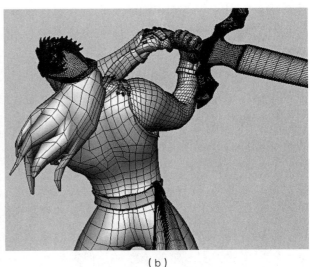
（b）

图 1-9　网格建模（源自网络）

4）面片建模是一种独立的建模类型，与Nurbs样条曲线建模原理方法比较接近，面片与样条曲线的不同之处在于：面片是三维的，因此控制点有 x 轴、y 轴、z 轴三个方向，而 Nurbs 样条曲线是用二维线条编排产生三维立体模型，面片建模的优点是编辑点较少操作方便，适合制作出光滑的物体表面，但过少的编辑点不利于细节的刻画，目前这种方法在动画模型制作中使用较少。

三维动画建模不管场景建模还是角色建模，根据项目要求都要具备创建高模低模的能力。一是根据项目的需要，对于场景中镜头随摄影机运动的远近效果，可以采用高低模交替使用的方法来节约建模时间减少成本，这是商业动画高效率工作技巧之一；另一个就是拓扑的需要，首先在另外一款软件 ZBrush 中快速创建复杂结构的高面数模型，ZBrush 这款软件直接创建的模型布线是不太合理的，但是在操作方式和细节雕刻方面却很到位，对于复杂角色生物兽皮表面抓痕、咬伤等细节刻画快速且方便，但是由于面数太多，一般具有上百万个到几千万个面不等的庞大数据量，所以不能直接使用（图 1-10（a））。

在项目制作过程中，需要在外形上能保持高面数模型外轮廓的结构，而且有一个合理而简洁的科学布线，所以就需要拓扑。拓扑原理是将 ZBrush 创建的高面数模型导入三维软件中，用面片依附在高模型表面吸附绘制形状，面片会随着高模型结构的高低起伏而起伏、大小变化而变化，也就是直接在高面数模型表面做一个新的低面数模型，而且不需要考虑模型结构造型，只要考虑拓扑的布线科学性和准确性就可以了。然后将拓扑完成的低面数模型和高面数模型放一起进行烘焙，产生法线贴图，最后把法线贴图贴到低模型表面，这样几千个面的低模型就会具有几百万个面数高模型的效果，也就是常说的低模高贴。这种方式在动画游戏中经常使用（图 1-10（b）、图 1-10（c））。

从三维建模角度出发，三维动画建模师要求布线要绝对合理，能制作各种难度的三维模型，在软件操作方面至少要掌握 3Dmax、Maya、Softimage 等其中一个，对于高级次时代建模需要学习 ZBrush 或 Mudbox（目前项目中用 ZBrush 较多）。软件仅仅是一种操作工具，是一只特殊的画笔，千万不要坠入盲目学习软件技术的漩涡，需要有控制"这只画笔"的良好思维和创意，不仅要具备良好的美术基本功，而且还需要具有三维立体空间美感。

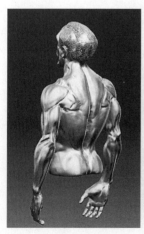
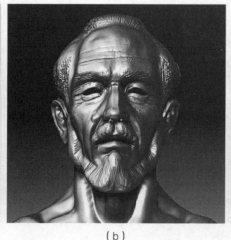
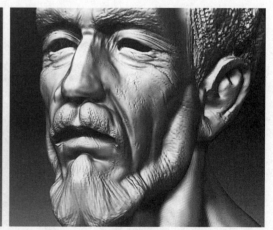

（a）　　　　　　　　　（b）　　　　　　　　　（c）

图 1-10　ZBrush 雕刻（肖常庆作品）

1.2.2   三维动画材质基础

　　面对一个已经具有绝妙的创意和复杂造型的三维动画作品，如果缺乏材质的配合，那仅仅就是一堆单色物体的堆积物，画面会显得单调、乏味，由此可见材质在三维动画作品中的重要性，那么材质到底是什么？简单来讲材质就是物体看起来是什么质地的，即三维物体在经过渲染后所呈现的颜色、纹理、质感、光滑度、发光度、反射率和折射率等各种表面综合属性。材质可以看成是材料和质感的结合，是物体呈献给观者在色彩、质地方面的第一印象，是最引人注目的亮点。它就像是动画作品的外包装，独具匠心的材质设计往往使一个普通的模型趣味十足。材质是一个物体固有色的综合表达，固有色的学习需要从物体的高光、透明度、反射率、折射率等几大属性开始。

1. 材质的属性

　　无论任何物体在受到光线照射时都会在表面产生最集中的光斑，也就是最亮部分，我们把它叫做"高光"。不同材质的物体高光是不一样的，如苹果、不锈钢、瓦片等，那么怎样科学控制高光的效果呢？需要从几个方面入手，首先是高光的颜色，所谓高光颜色就是物体上最亮部分的色彩倾向。其次是高光的大小，也就是控制高光直径范围的大小，高光范围越大物体材质越粗糙，高光范围越小物体材质越精致。最后是高光的强度，即控制高光的受照射的亮度（图1-11）。

　　现实自然界中相当一部分物体能够被光线穿透，比如玻璃球、钻石等，当光线可以自由地穿过物体时，那么这个物体肯定是透明或半透明的了，这类物体一般没有特别固定的高光光域，但是仔细观察物体的投影却呈连续性光斑出现，这种连续状态的光斑就是焦散效果，它是表达全透明或半透明属性的重要因素，也是体现透明材质质感的关键所在。

　　物体本身都会有一定程度反射的效果。特别是表面光滑的物体有一种类似"镜面"的效果，它对周围的颜色和光源非常的敏感，能够反映出周围的环境。物体表面光滑度越高，对周围环境反射会越清晰，这就是"反射"。我们能够看到物体除了光的作用外，还包括物体间具有相互反射的作用。物体间的这种反射效果可以加强他们之间的联系，更重要的通过反射表现出其固有的材质属性，比如粗糙木头的反射度和不锈钢的反射度是绝对不同的（图1-12）。

　　由于物体本身的材质、密度不同，光线射入后会发生偏转现象，比如阳光照射进水中会产生变形，将筷子插进水杯会产生视觉的弯曲，这种现象就是"折射"。不同物体折射率是不同的，如水的折射率、玻璃折射率、钻石折射率等，不同的物体其折射率差别很大，正确把握折射率的大

（a）

（b）

（c）

图1-11　高光属性（肖常庆制作）

小是透明物体真实再现的首要途径。

除了以上这些要素外，还有环境色、过滤色、凹凸贴图、置换贴图等，要制作出一个逼真的材质贴图并不是仅仅调节一个参数或几个参数，它需要在科学的灯光照明、真实的材质贴图、精确的渲染效果、合理的摄影机机位，加上一定美学素养的共同作用下，最后才能得到一幅满意的作品。

2. 材质与贴图

材质是一个物体本身固有的质地，比如一个景德镇细瓷器和一个山西粗陶表面的质地就不同，比如一根木头和一根不锈钢相比较，他们的光泽亮度、颜色纹理等很多属性都不同。材质赋予物体时一般不需要物体进行展 UV 坐标，因为是程序材质不会出现贴图拉伸的情况，而且材质属性很多的参数可进行灵活地偏移、复制、调节等。贴图就是这个瓷器或木头表面的图案和颜色，就像包裹在物体外在表面的一层布或一张图片。既然是裹在物体外部的一张图片就涉及包裹方式的问题，比如怎样用一张方形的图片包裹到一个篮球上去，这就得涉及 UV 坐标的展开和编排关系了（图 1-13）。

材质和贴图经常在一起共同起作用，材质可包含多个贴图通道，每个贴图通道可设置各种不同的贴图类型，贴图是材质的一种表现方式。材质是物体在三维空间中表现出来的本质，贴图类似是在物体表面涂了一层油漆。

1.2.3　三维动画灯光基础

三维动画作为当今一个热门的话题在众多的创意创作行业都有非常广泛的应用，三维效果是在屏幕的二维平面空间上表现物体的三维立体空间，那么怎样在平面二维空间中表现物体具有纵深虚实感的三维空间呢？除了利用常规的空间透视外还必须利用到"光"。光对我们并不陌生，生活中事物的色彩、生长、运动变化等一切都离不开光，光是我们生活的基本元素，光的存在使各种物体回归到了自然界的本源。光的作用不仅仅

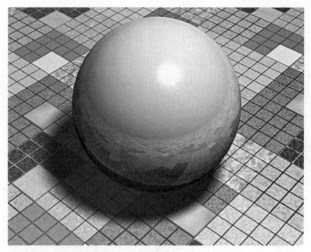

图 1-12　光球反射效果（肖常庆制作）

（a）

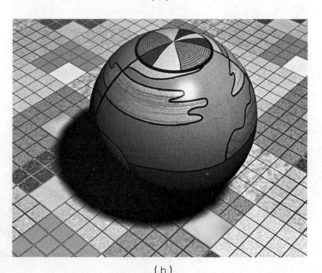

（b）

图 1-13　材质与贴图（肖常庆制作）

是给我们创造了必要的生存条件，更重要的是光给我们带来了审美上的情趣和变化，比如动画影片中的各种灯光效果的运用，通过各种不同颜色、亮度及不同类型的灯光，配合剧情的变化烘托出相应的情感气氛（图1-14）。

对于三维动画来讲，灯光是三维动画的灵魂，它能创造特定的环境气氛，并且配合空间透视关系，把这种气氛富有的感染力在画面中表现出来，创造出不同的意境，产生不同的场景感觉。良好的灯光效果是决定三维动画成败的重要方面。比如动画片《海底总动员》中利用同一场景匹配不同类型的灯光效果烘托出惊喜、失落的两种心境（图1-15）。

作为一部三维动画作品，灯光照明不仅要体现整部动画片的基调，同时也要通过光效的起伏变化衬托出片中角色的心情、性格等特点。灯光不仅有助于表达特定的情感，吸引观众的注意力，同时在把握住整体基调和突出主题、渲染气氛方面不可或缺。所以灯光的运用必须要恰到好处，灯光、物体和音乐完美结合可以产生出其不意的效果，对整个动画作品的成败有着极其重要的作用。

1. 三维灯光的类型

三维灯光不同于生活中的普通灯光，它力求真实模拟生活中的常见灯光，但是又具有自己的灯光类型及特定的属性，所以三维灯光大体分为

（a）

（b）

图1-14 选自影片《马达加斯加》

（a）

（b）

图1-15 选自影片《海底总动员》

以下几种类型：

1）泛光灯

泛光灯类似于生活中的普通白炽灯，泛光灯模拟白炽灯的 360°环状向四面八方范围发光，三维动画中可以模拟路灯、太阳、萤火虫、蜡烛等单个物体中心发光。泛光灯的特点是散状范围发光，所以在场景中使用该灯光时比较容易出效果，无论位置怎样总能渲染出效果（图 1-16）。

2）聚光灯

聚光灯类似于生活中手电筒效果，聚光灯模拟手电筒的形状和效果向同一方向发射光线。三维动画中聚光灯可以模拟扇形灯光、汽车车灯、舞台灯、舰船及灯塔上的大射灯等。聚光灯的特点是发光具有方向性，所以在场景中使用该灯光时注意方向要正确否则容易出现渲染无照明效果问题（图 1-17）。

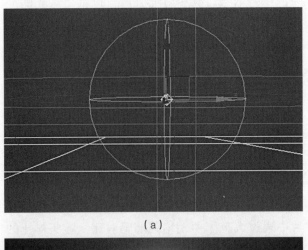

（a）

（b）

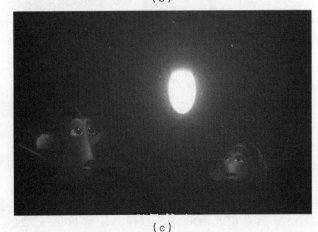

（c）

图 1-16　泛光灯案例（肖常庆制作）

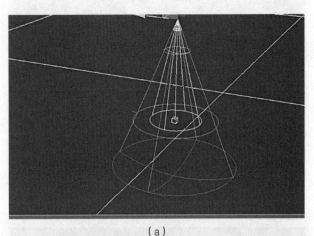

（a）

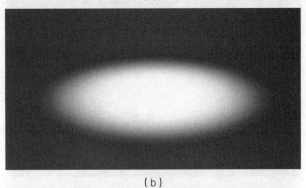

（b）

（c）

图 1-17　聚光灯案例（肖常庆制作）

3）平行光

平行光类似于生活中的太阳光，平行光模拟太阳光发射光线具有方向性但以平行的光束出现。三维动画中常模拟太阳光、户外空间范围基本照明灯光。平行光的特点是介于泛光灯和聚光灯之间，操作技巧较简单一般用作基本照明，实际项目中使用率较少（图1-18）。

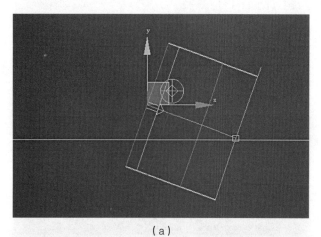

（a）

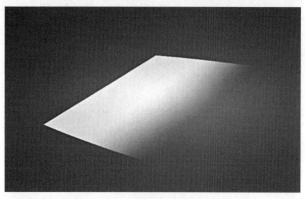

（b）

（c）

图1-18 平行光案例（肖常庆制作）

2. 三维灯光的属性

三维灯光不同于生活中的普通灯光，现实场景中灯光具有自己本身的主次光源、衰减、反射、折射等属性，但三维灯光中的这些属性都需要去逐个设置。

1）灯光的位置及照明强度

灯光位置的远近会直接影响对整个画面的照明度（除个别灯光不涉及之外），场景照明效果是一门综合效果，其中灯光强度，也就是灯光的亮度等同于现实世界中灯光的瓦数，瓦数越大灯光越亮，虚拟灯光道理类似通过控制灯光的发光强度来控制整个场景的照明亮度。

2）灯光的颜色及衰减

场景的颜色一部分依靠本身的材质贴图颜色及后期合成校正颜色外，灯光的颜色也是重要组成部分之一，通过控制灯光的色彩可以创造出更加虚拟、更加和谐的色彩，特别是在窗外照射进室内的阳光、落日的余晖、朝阳升起等，三维影片中通过大范围照明增强明暗对比、虚实衬托的案例数不胜数（图1-19）。

3）设定灯光的衰减

现实世界中的灯光会随着距离的远近逐渐衰减直至消失，但是虚拟世界的灯光默认设置下不具备灯光衰减效果，灯光的照明强度不会随距离远近相应衰减，所以必须根据具体情况进行相应的衰减设置才能更好地模拟现实世界。

3. 三维灯光的布光

三维灯光是一种虚拟灯光，虚拟灯光既要考虑到灯光本身的特性又要突出场景的主体性和艺术性，只有遵循光照的基本原理才能摆脱虚拟灯光的技术局限性，所以要使用相应的布光思路和特殊的布光原理来模拟真实的世界。

1）三点布光原则

在现实生活中对于物体空间位置变化常用前面、后面、侧面等三点定位法，道理一样，在光效美学中我们也要运用到最为基本的布光原则——三点布光原则。三点布光主要包括主光、辅光和补光。基本原理是主光照亮主要物体，辅

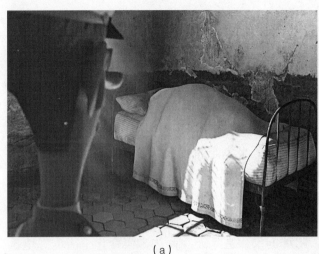

（a）　　　　　　　　　　　　　　　　　（b）

图 1-19　选自影片《马达加斯加》

图 1-20　三点灯光示意图（肖常庆制作）

光辅助修补主要物体在主光源的照射下留下的缺憾，补光主要处理物体与背景、物体与物体间的前后关系（图 1-20）。

　　主光也就是控制动画场景的基本照明灯光，动画制作中主光源的位置一般不会一直固定不变，一般应该最先出现在虚拟场景中，照亮显示出主要物体的颜色、亮度、前后关系，进而确定整个作品的照明基调。但是整个场景中仅凭主光源照

明很难面面俱到，难免会留下一些光线照射不到或处理不到位的地方。对于光影艺术而言不同种类的灯光之间应该是存在相互依存的关系，在确保主光源的整体基调下加上辅助灯光，对主光源遗留下来的缺憾进行相应的二次辅助照明，但是要确保主光源的首要地位，防止出现二次辅助照明严重破坏主光的画面基调和光影顺序出现喧宾夺主现象。通过主光的一次照明，辅光的二次辅

助照明基本完成了画面的空间位置关系，但是为了进一步区别物体与背景、物体与物体、增加场景的深层次空间关系，需要再次加入三次补充照明——补光。补光主要对前两次灯光进行细微部分的修饰和补充矫正，属于从属地位灯光。

实际项目中主光、辅光、补光三种灯光并不是仅仅三盏灯光，它的灯光数量不是一成不变的，有可能主光2盏、辅光10盏、补光3盏，灯光的多少还要根据场景的复杂度和作品的要求，而且主要分出主、辅、补的层次关系，灯光数量不重要。因此除了主光、辅助光、补充光之外，还可以有一些其他的光源来补充画面照明的不足，共同完成场景的照明需要（图1-21）。

2）光、影匹配思路

光的出现必然会产生它的附属体——阴影，光的存在就会带出影的存在，现实世界中有光必然会有影，但是在虚拟的场景中我们可以灵活调节使之产生"有光可以没有阴影"或者"没有光也可以有阴影"等效果，三维动画中的虚拟灯光模拟的效果完全超越了真实世界灯光的极限，通过光影的随意改变、移动和艺术的构思变化，勾画出物体的外形及材质、物体间相互的距离和位置、场景的虚实和冷暖变化。光影突出了场景中物体的层次关系及空间的虚实变化，能更好地衬托出整个动画的剧情，以至于给观众更好的视觉效果，方便深化人物性格和渲染气氛（图1-22）。

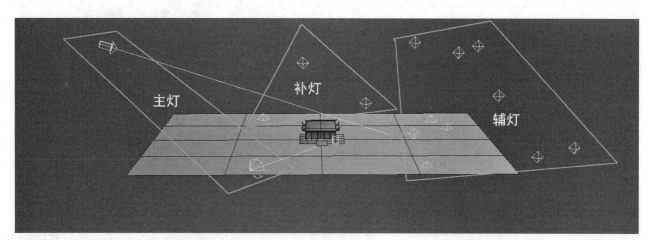

图1-21　三维虚拟灯光示意图（肖常庆制作）

（a）

（b）

图1-22　选自影片《功夫熊猫》

光影的配合是一门微妙的思维艺术，作为一个三维创作者除了需要良好的美学素养和艺术修为外，还要认真研究、广泛观察、仔细实践、用心体会才能达到好视觉感悟。

1.2.4　三维动画渲染基础

三维动画的制作一般分为前期、中期和后期三个制作阶段，动画的模型创建、灯光设定、贴图材质绘制、动画设定、完成渲染等属于中期阶段。三维动画是一种虚拟的动画，追求场景画面真实感是一个既定的目标，为了尽可能达到这个完美的结果，前期设计需要尽善尽美、模型需要越做越精细、材质贴图绘制需要更加逼真、动画运动力求自然生动。然而这一系列煞费苦心的努力仅仅是一个阶段性成果，仅仅是一个半成品的生产过程，要达到最后的成品阶段还要经历一个渲染的过程，渲染是将我们前面所做的种种努力打包整合，以一种完成品礼盒的状态呈现到观众面前，在这些步骤中，渲染是最为关键的步骤之一（图1-23）。

渲染，英文为"Render"，也有的把它称为着色，在三维软件中通过对场景项目的一系列摄影机定位、模型创建、材质贴图、灯光照明、动画设置等相关操作，此刻展现在我们面前的仅仅是一堆命令数据的叠加，你所看到的画面和我们理想的结果并不吻合，是我们的操作命令有误？其实不

（a）

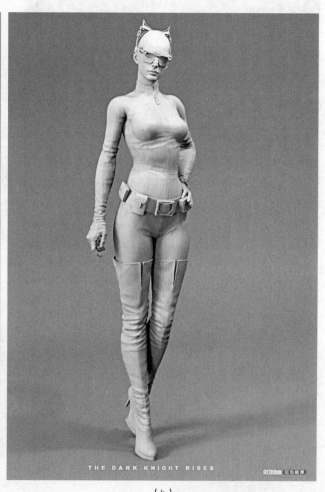
（b）

图1-23　选自新加坡艺术家 U RI SO 作品

是，当你在场景中使用了大量的数据命令效果后，如果实时的显现出来恐怕计算机的配置就跟不上了，三维软件是一种智能软件，为了资源利用最大化，软件的开发者要求在场景项目操作过程中仅仅显示一部分效果，比如模型的形状、基本的材质贴图、场景的整体基调，使我们从宏观上可

（a）

（b）

（c）

图1-24 三维渲染过程（肖常庆制作）

以把握当前制作的进度，对于画面的微妙精细的效果，如光影的配合、材质的折射透明度等，只有在进行特殊的操作后才会完全显现出来，这个特殊的操作我们把它叫做——渲染。

渲染就是要计算我们在场景中添加的每一个命令对物体的影响，用固定的方式生成图像的动态操作过程，用静帧、序列图像或视频的方式表达出来。渲染是三维动画中期制作的最后一道工序，也是最重要的一道工序，并且在实践领域中，它与其他技术密切相关。在三维动画流水线中渲染是最后一项重要步骤，通过渲染使一系列操作过程最终显示出结果，所以也是三维计算机图形学中最重要的研究课题之一（图1-24）。

渲染一般分为自带渲染器和专用渲染器，专用渲染器在画面质量、材质贴图、反射折射等方面是自带渲染器所不能比拟的，最主要的是专用渲染器具有光能传递等功效，可以更加逼真地模拟现实世界。涉及的专用渲染器，如Mental ray、Vray等，一般动画项目制作最终的渲染都要使用专用渲染器来完成，渲染是一个复杂的并且具有技巧的过程，并非仅仅操作几个命令就能完成。

三维动画渲染在整个生产流程中起到了非常重要承前启后的作用。渲染是利用计算机的计算能力，将三维数据呈现为图像的过程，是影片画面效果与质量的保证。从技术角度来看渲染所要花费的时间越长，画面质量越精细，效果也越好。从商业动画片运营的角度来看，一部影片的成败不仅仅在渲染质量上，还有时间成本和作品质量两个关键的因素。

首先是时间成本因素，在商业动画运作模式中，项目的制作需要多长时间才能完成，往往和其利润成本息息相关，制作耗时过长会浪费大量的人力物力，三维动画一般以分或秒为单位核算价格，劳动成本的增大会带来投资成本的增加，延长资金回笼的周期，还会为影片的播映带来不利的影响。

其次是作品质量，在当今科学技术飞速发

展的时代，观众的眼光和要求已经十分挑剔，不是早年简单的几个画面效果就能蒙混过去的，如何让观众在众多的动画片中选中，往往是一部影片的价值所在，比如当前比较卖座的《冰河世纪》，无论在制作技术、场景设计、情节创意、故事结构以及画面效果等方面，都达到了一定的高度。

所以在动画产业飞速发展的今天，如何节约时间和劳动成本，并且又有较高的画面效果，是一部商业动画片的生存之本。在时间成本如此宝贵的情况下怎样尽可能提高渲染的质量，同时又节约渲染的时间，这是一大批三维动画从业人员热衷于探讨的话题。

思考题

1. 从你所了解的三维动画影片中进行论述，论述内容围绕建模、材质、灯光、渲染几个方面进行详细论述（3000 字以上）。

2. 你认为中国目前的三维影片发展现状怎样？

制作基础部分

第 2 章 三维动画角色制作基础

2.1 三维动画人物角色基础

无论是文学、戏剧、影视还是动画，作品中都离不开人物角色，它是情节发展的驱动者和驾驭者，是构成作品骨架的核心支柱，人物角色塑造表现的成功与否直接关系到整部作品的成败，因此三维人物角色是商业动画片中不可或缺的重要组成部分。三维动画人物角色既要反映剧本的文字内容，又要富有天马行空的想象力，对剧本的角色描述用三维虚拟造型赋予鲜明的性格特征，比如说这个角色的职业定位、长相特点、身高比例、体型特征等，使观众仅通过三维外在造型就能够基本掌握人物的性格特征。同时又要遵循三维人物造型的相关美学原理，无论人物怎样变化都要遵循人体正常的视觉审美原理，超越了这个界限就会流落成不伦不类的"四不像"。在三维动画人物角色设计过程中应该从角色的姓名、年龄、性别、爱好及习惯性动作等几个方面进行设计分析（图2–1）。

2.1.1 人物形体造型结构关系

形体结构造型关系是三维人物形体塑造中最基本的关系。"形体"就是你画的这个人物角色的大形或者说是外形，任何物体都是以其特定的形状存在于一定的空间中。基础教学上老师评价作品好坏的时候，总会点评到这幅画的外形、比例是否准确，可见形体是评判人物造型的第一要素。

形体是客观对象存在于空间的外在形式。形体属于造型的基本因素。结构是形成物像外貌的内在依据，是指一个人物或一件产品它的具体构造，比如人的骨架、肌肉是怎么穿插等。形体与结构是外观与内涵的关系。三维人物角色中首先

图 2–1　选自影片《勇敢雄心》

应注意其基本外形，比如从外形上看男人体外形呈倒三角形，女人体呈正三角形，构成物像的基本形体不同，则物像的形体特征就会不同（图2-2）。

　　基本外形是人物造型的首要关系，三维人物中把握住对象的基本外形，就抓住了其形体特征。快速准确地把握物像的形体特征，是我们进行三维动画人物角色建模的首要因素之一。

2.1.1.1　人物形体比例关系

　　人物的结构、形体等造型因素体现在外观形态上必然需要用一定的尺度来测量，不同的尺度关系则表现为不同的比例关系。比例关系是用数字来表示人体美，并根据一定的基准进行比较。用人体的某一部位作为基准（一般用头部作为测量单位）来判定它与人体的比例关系，比如具体头到胸、胸到腰、腰到臀之类的比例关系是多少，人物的形体都是按一定的比例关系连结起来的，比例变了，物像的形状也就变了（图2-3）。

　　在三维动画人物中，比例的意义尤其重要，画面角色的协调度往往与比例关系的正确与否有

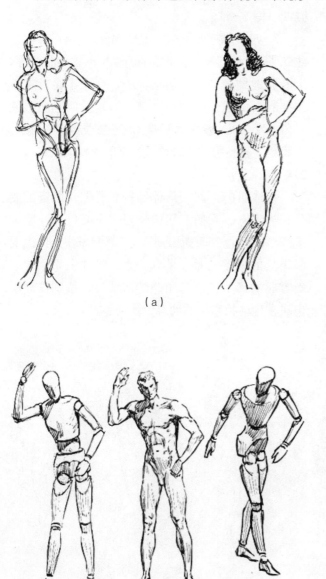

图2-2　人体结构图（一）（源自网络）

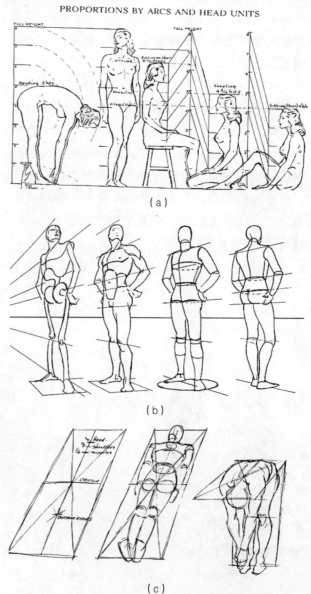

图2-3　人体结构图（二）（源自网络）

关。对形体比例的观察不应是机械、刻板地比较，应注意立体物像在一定的角度和透视变化中的比例关系。三维人物中常出现人物的上身比例变长了，可是两侧的手臂没有发生相应的比例变化造成人物造型很别扭，因此基本比例的变化，必然引起连带比例结构相应变化，否则会造成形体认识和表现的错误。所以要在相互比较中抓住物像的比例关系，特别是整体形象的比例关系。

2.1.1.2 人物肌肉造型关系

人体结构比较复杂，首先要弄清楚人体各部分的比例关系，比如头长和身长的比例，头宽和肩宽的比例，除了这些基本的结构外，还需要你对肌肉结构各个方面都非常了解。肌肉一般附着在邻近的两块及以上骨骼上，跨过一个或多个关节，收缩时牵引关节运动。人体的任何运动，即使是最简单的运动，都要有肌肉的配合才能完成。三维动画人物中每块肌肉在运动时，不同动作肌肉会产生不同的扭曲和拉伸，所以，在把握最基本比例结构的同时，更需要熟练掌握人体主要的肌肉连接结构和走向。人体肌肉分为几种不同的类型，一般为头颈肌、躯干肌和四肢肌三部分，共有600余块，约占体重的40%。我们不是专业研究医学，所以600多块肌肉不需要全部熟知，主要掌握在三维动画人物中常用到的肌肉结构。

1. 头颈肌部分主要掌握：口轮匝肌、眼轮匝肌、笑肌、胸锁乳突肌等。特别是胸锁乳突肌在三维动画人物中较重要，常用来表现男性角色其强壮的体魄和性格特征，所以对这块肌肉要侧重熟悉（图2-4）。

2. 躯干肌主要掌握：胸大肌、腹直肌（上腹肌和下腹肌）、斜方肌、背阔肌、前锯肌、腹外斜肌等，特别是胸大肌和斜方肌，三维动画人物中常用来表现肌肉发达的强壮男性，女性不必过分强调（图2-5）。

3. 四肢肌主要掌握：上肢部分主要有三角肌、肱二头肌、肱三头肌。前臂屈肌群、后臂伸肌群等，上肢肌肉结构精细，运动灵巧，变化丰富。下肢主要有臀大肌、臀中肌、臀小肌、股四头肌、缝匠肌、股直肌、股内侧肌群、股外侧肌群、半腱肌、半膜肌、腓肠肌、比目鱼肌、跟腱等相关肌肉（图2-6）。

人体肌肉不同于形体结构和骨骼，肌肉的变化相当丰富。我们在肌肉学习时不必过分注重太多细节以防止"面面俱到"，只需要抓住人体主要肌肉块的位置关系、前后关系、形体关系，比如斜方肌的形状、比目鱼肌的形状等，特别注意肌肉块在运动状态下的动态拉伸关系。

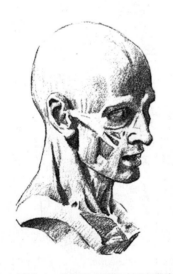

图2-4 头部肌肉图解（源自网络）

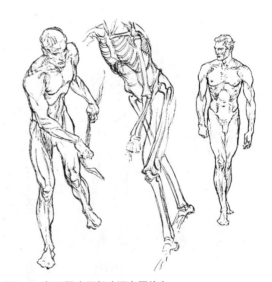

图2-5 躯干肌肉图解（源自网络）

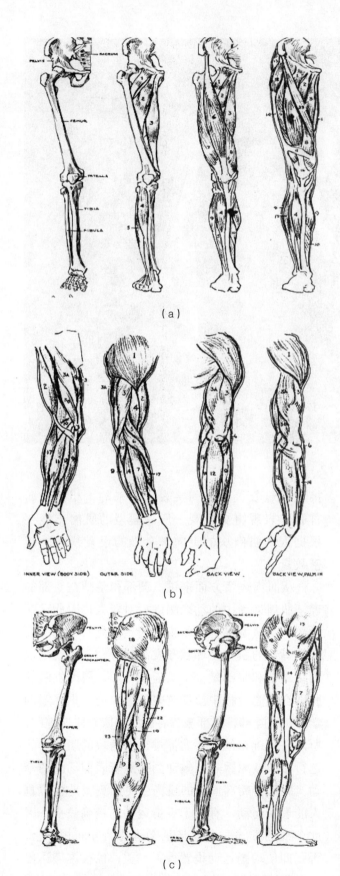

（a）

（b）

（c）

图 2-6　四肢肌肉图解（源自网络）

2.1.2　人物三维建模布线原则

"布线"简单来讲就是我们在造型过程中对造型结构线的安排和排列，一个不需要制作动画，只限于纯粹静态的（无贴图）三维对象，一般是不太考虑布线问题，只要外形结构达到要求就行。如果你所制作的模型后面会制作成动画，或者以后要进入专业的动画公司参与动画制作，为完成更为自然、生动的面部表情和肢体动作的需要，要求建模师必须进行正确合理的线条排布，那么就必须认识和处理好角色造型的布线。三维人物布线主要考虑形体、材质、动画，如形体是否准确、布线结构是否均匀合理、是否适合赋材质、形体是否适合动画等几个要素（图 2-7）。

在现实生活中我们购买物品一般要衡量对比，寻找质量和价格的最佳点做到"物美价廉"，同样在三维人物建模过程中也要做到"物美价廉"，"物美"就是你所创建的人物模型要达到相应的标准（这个标准根据项目要求而定），"价廉"，就是你所创建的这个三维人物模型在达到相应要求的同时，怎样尽可能地节约资源，这个资源就是"布线面片数量"，节约资源就是减少布线的数量，相应的就减少面片数量，进而减少计算机的运算量。归纳起来就是"充分表现对象前提下减少面数，尽可能保持所有形状为四边形，布线走向符合解剖学规律和动画角色要求"（图 2-8）。

三维人物建模既要考虑人物的比例、结构、造型等形体塑造审美问题，同时又要考虑肌肉、布线与最后蒙皮合理匹配的问题。所以人物建模是三维建模中难度最大的一种类型，只要掌握了人物的建模布线方式，其他的动物、怪兽、魔幻等生物角色建模方法就可以举一反三了。

2.1.2.1　布线与肌肉的运动

三维人物建模除了人物比例结构造型外，必然会涉及肌肉的问题，如果要制作精细、生动自然的三维人物形体，就要求我们在三维人物模型的布线方面，严格依据人体肌肉的解剖学规律进行布线，肌肉是依附在骨骼表面被直

图2-7 选自新加坡艺术家 U RI SO 作品

图2-8 三维人体（肖常庆作品）

接或通过衣纹服装间接表现出来的，相比较而言肌肉表现得更直观。所以模型的肌肉布线要根据人体肌肉块的走向来合理的设置线条的疏密数量。

从肌肉表情方面来讲，嘴部和眼睛在头部的表情肌肉运动中的动态幅度相对较大，因此这两个部位的造型结构布线安排和走向尤其重要。眼部和嘴部的肌肉呈环状和发散状分布，也就是说围绕嘴部和眼部是一个贯通的环形，周围发散的肌肉在动态过程中拉动这些环形肌肉。根据解剖学分析，嘴部、眼部被口轮匝肌和眼轮匝肌控制，所以在三维布线上要大体遵循这两块的肌肉形状进行布线，原因是在做动画时随着表情动画的牵动，眼部、嘴部周围的肌肉会更加真实地模拟真人的表情运动，有利于表情运动的精确蒙皮，因此布线的方式一定要与肌肉运动的方向相吻合，否则即使动画运动设置得很完美，也很难表达出你想要的表情（图2-9）。

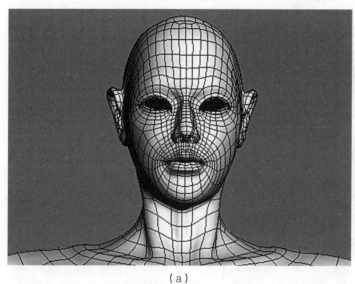

（a） （b）

图 2-9 三维头部布线结构（肖常庆作品）

从肌肉运动方面来讲模型的布线基本顺着肌肉的走势，关键部位要不怕麻烦深思熟虑去推敲布线，增加布线可控点为以后蒙皮的权重增加匹配点，这样不仅有助于肌肉形体结构的刻画，而且对肌肉蒙皮也至关重要。很多三维模型由于布线思路和肌肉走势没有紧密联系在一起，导致最后人物运动时产生了很多麻烦。特别是人体上大的肌肉块，比如胸大肌、腹直肌、腹外斜肌、斜方肌、背阔肌、三角肌、肱二头肌、肱三头肌、臀部肌群、股直肌、股内侧肌群、股外侧肌群、腓肠肌等至关重要的肌肉形体一定要在布线上反复推敲（图 2-10）。

从布线的要求方面来讲，人物三维建模过程中要用"四边面"，四边面在贴图的绘制和蒙皮刷权重方面极其方便，尽可能少用"五边形、五星形"或"三角形"等不规则面。当然即使是多年的布线高手在建模过程中也难免要产生几个不规则面，如果产生了类似的不规则面该怎么办？我们要尽可能将他的位置挪到其他非重点部位，比如不要在表情贯通线、五官、肌肉块的表面产生，尽可能挪到耳后、发际线、脖子等便于掩盖的部位（图 2-11）。

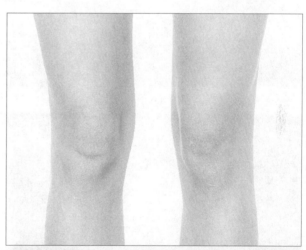

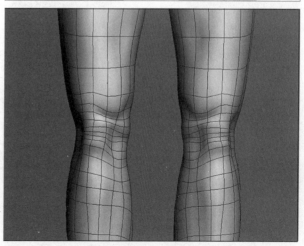

图 2-10 三维膝关节布线结构（肖常庆作品）

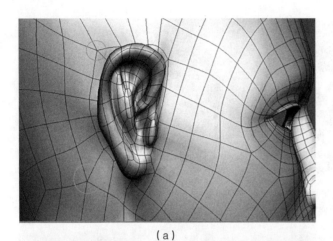

（a）

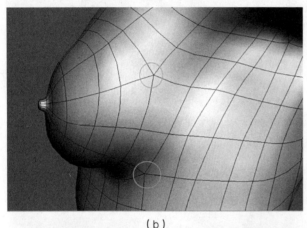

（b）

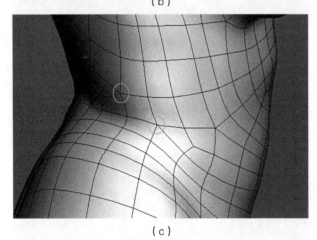

（c）

图2-11　三维布线技巧1（肖常庆作品）

总的来讲人物三维的布线思路和肌肉的形状、大小一定要整体思考，不要割裂开来，同时在艺术解剖上用画笔和透视去塑造肌肉形体，在三维建模中用线条和面去编排立体的肌肉形体，他们的创建方式不同但最终要达到的结果是类似的。

2.1.2.2　蒙皮与合理的布线

怎样的布线才算科学合理呢？部分同学认为在创建出人物结构形体的基础上用线越少越好，假如只是做静帧模型，或者这个三维模型只出一张静态的渲染图，而不添加贴图、骨骼蒙皮，那就是用线越少越好。但是我们绝大部分三维人物要进行蒙皮做动画的。在蒙皮过程中能否精确地做好骨骼和模型的蒙皮权重合理匹配，除了蒙皮本身技巧外，最重要的一点是布线的数量是否和权重的范围匹配。如果布线过少，"权重点"无法找到相对应的"匹配点"，那样即便是蒙皮高手最后的结果也会不尽人意，所以过少的布线数量会造成最后蒙皮的不准确，相反过多的布线又会浪费大量资源。所以布线的科学合理需要从人物运动幅度和关节点来入手，比如膝关节、腕关节、肘关节、眼部周围、口鼻周围等，运动幅度大的关节和表情丰富的肌肉处，要增加布线数量和多用贯通环线（图2-12）。

在蒙皮时权重范围会根据相应的布线节点进行匹配，相反如额头、后脑勺、后背等运动幅度较小的部位相应减少布线数量，因为这些部位运动幅度较小，蒙皮权重点需要的也少。所以科学合理布线与精确地蒙皮息息相关。

2.1.3　高低模型人物 UV 贴图绘制规律

通过前几节学习已经创建出合格的三维模型，但是展现在我们面前的仅仅是一个没有贴图的单色模型，没有人物具备的皮肤、毛发、服装图案等外表材质，那么该怎样赋予单色模型丰富的纹理、生动的色彩图案呢？这就要用到三维"贴图"。

首先要了解什么是"贴图"？"贴图"就是利用 Photoshop、Bodypaint 等绘图软件绘制的彩色平面图，将绘制好的平面图通过一定的操作方式赋给 Maya、3DMax 等软件建立的三维模型上，使彩色平面图包裹在单色三维模型表面就称为贴图。贴图是三维动画制作中非常重要的一个环节，其使用范围极其广泛，一件作品的成功与

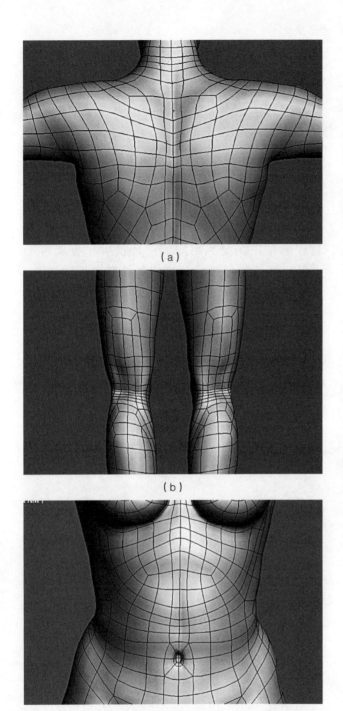

（a）

（b）

（c）

图 2-12　三维布线技巧 2（肖常庆作品）

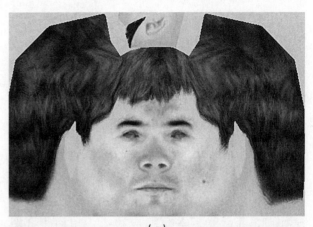

（a）

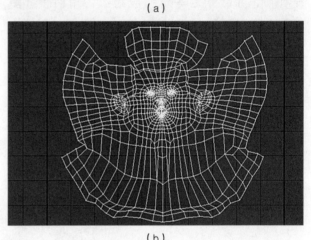

（b）

图 2-13　贴图 UV（来自网络）

否很大程度上取决于贴图的效果。贴图不仅能深刻表达模型的意义，而且能更深层次地诠释模型的内涵。

　　贴图是一个作品展现在我们面前的阶段性结果，要达到这个结果无法一步就能到位，必须通过一个方法，这个方法就是 UV 的展开。简单来说展开 UV 是方法，赋予模型贴图才是最终目的。那么 UV 怎样展开呢？首先要了解 UV 是什么，"U" 和 "V" 是虚拟的轴向，绘制贴图之前的展 UV 是一个必需的过程，展开模型的 UV 线是绘制贴图的唯一参考，假如创建头部模型不进行 UV 展开，脸部贴图绘制时该在哪里画鼻子，该在哪里画嘴巴都无从下手，而将 UV 展开后就可以通过 UV 线来参照贴图绘制了，所以要给模型贴图就必须展开 UV（图 2-13）。

　　UV 展开原理简单来讲，就是好比将一个立体的包装盒拆开、展平成一个平面图形，展开的原理是相当于立体平面化。在这个展开的平面盒子上用绘图软件，绘制相应色彩图案这就是"贴图绘制"。再将这个绘制好的平面贴图赋予三维模型，就完成了贴图的赋予整个过程。

三维动画人物贴图制作是极其复杂的一个过程，首先将模型进行 UV 的展开编排，接下来就要进行相当精细的贴图的绘制，贴图的绘制过程要注意以下几个要点：

1．三维软件中对 UV 的编排要得当，一般情况下在人物中随着比例和大小进行分类编排，比如制作一个男子角色造型，因为人体在整个人物的视觉比例较大，所以在 UV 的编排中要将躯干四肢的比例放大，同时缩小一些非重要的部位，比如脚、手、指甲等可相应缩小占用面积（图2-14）。

2．贴图绘制具体要求要看是哪种类型动画，不论卡通动画、写实动画、影视还是游戏。写实类题材会使用到大量的实拍照片素材，通过 Photoshop 修图、合成、处理制作贴图。卡通动画和网络游戏绝大部分需要靠纯手绘方式来制作贴图（图2-15）。

3．要了解次世代贴图与传统贴图的区别。与传统的模型贴图相比，次世代贴图无论是在数量上还是在质量上都具有更大的优势。首先传统贴图的像素尺寸大小一般在 512 乘以 512，而次世代的贴图像素尺寸一般能够达到 2048 乘以 2048，相比传统贴图能表现更多的细节部分。其次传统贴图是用手绘的方法画出的高光深度及阴影的三维效果，我们称为"假影子"，因此这些"假影子"不会随光源的改变而改变，而次世代的贴图则是利用真实照片投射和叠加带来了图像技术的突破，效果比传统贴图更加逼真。最后传统贴图因为在表现上要顾及整体的光影效果，所以不能太过强调贴图本身的光影，而次世代的贴图效果则是将颜色贴图、高光贴图、法线贴图、自发光贴图、反射贴图等成套贴图进行组合，所以能够让模型拥有更加真实的质感（图2-16）。

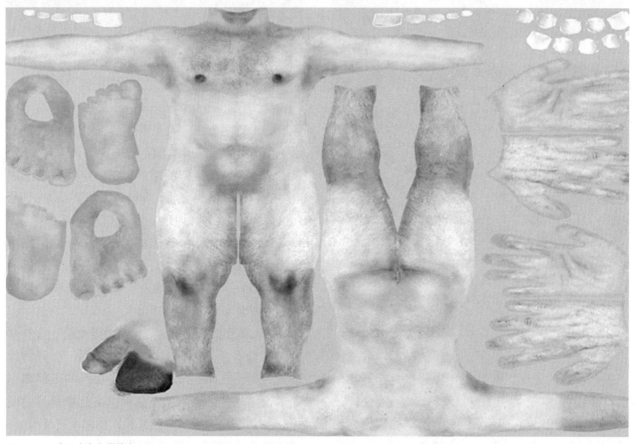

图2-14　贴图（来自网络）

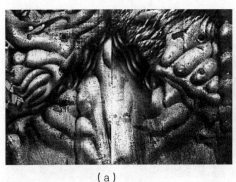
　（a）

　（b）

　（c）

图 2-15　不同类型贴图（源自网络）

图 2-16　次时代贴图（源自网络）

4. 目前贴图绘制软件的应用大多是使用 Photoshop 配合数码绘图板创作，同时也可以借助另一款贴图绘制软件 Body paint 或 DeepPaint3D，但最后还是要用 Photoshop 进行整体调节。

5. 三维人物角色形体的塑造和质感的表现是贴图绘制的主要内容，绘制过程中需要在形体结构、明暗关系、纹理变化、色彩过渡、材质质感、衣服褶皱、金属的磨损裂痕等方面重点刻画，贴图绘制质量优劣取决于素描、色彩方面综合美术的基本素养（图 2-17）。

总的来讲贴图的制作是三维动画中一个关键的步骤和系统的工程，贴图绘制师不仅需要熟练的软件操作技能，还需要灵活的思维和较深的美术功底，同时在项目制作过程中要特别注意团队的沟通合作。

2.1.3.1　高低模型区别及应用范围

高模就是高面数模型，主要特征是分段数量较密集、面数较多。在动画制作流程中，模型一般需要经过光滑处理，高面数模型经过光滑处理后细节效果上会更加丰富，而且在经过光滑处理后模型走形不大，布线均匀、疏密有致，并且布线都在结构点上，它不仅能很好地表现出原物的结构，更能表现出原物的细节部分。高模在制作上耗费时间较长，但结构上能够做得很精细，高模的出现是为低模服务的，是为生成法线、AO 贴图、置换贴图而准备的，所以高模、低模一般相互配合使用。

低模就是低面数模型，主要特征是分段数量较稀疏、面数也少，一般利用简单的结构线，完整地概括出原物的形体结构，产生一个低面的多边形。低模的分段较简单，点线面数量较少，仅能体现大的形体细节上表现不够充分，一般在卡通游戏动画制作中使用较多（图 2-18）。

（a） （b） （c）

图2-17 贴图质感刻画（源自网络）

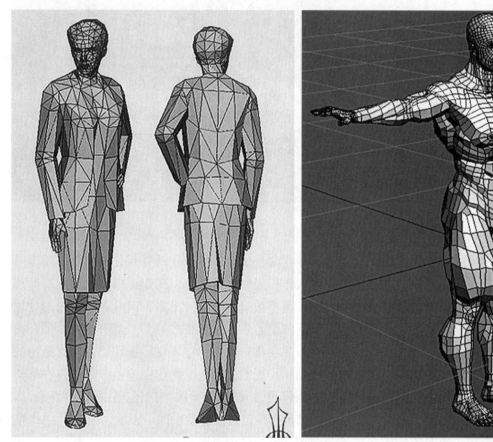

（a）低模

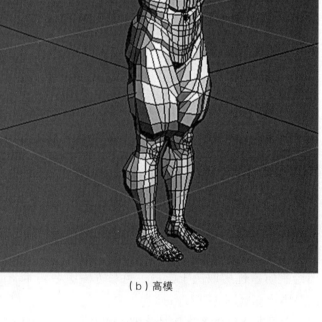

（b）高模

图2-18 低模（源自网络）高模（肖常庆作品）

　　高模和低模很多时候并不是分割开的，而且是相互依存、相互匹配使用，低模常应用于游戏和动画，一般用低模创建出人物简单结构造型，再通过高模生成并导出法线贴图赋予到低模上，低模就具有高模的效果，低模的细节刻画主要靠贴图来展现（网游里大多是低模），运行时只启用几百个面数的低模来计算，却具有几千万个面数的高模细节效果，因此最终画面效果和效率会极大提升。

2.1.3.2　高模型UV贴图绘制要求

　　高模和低模没有绝对的标准，并且随着软

硬件技术的发展这个标准也在不断改变，早期
1000 个面数以下的叫低模，现在有的 5000 面数
也被归为低模，高模和低模都是相对的。高模
并不是面数多，而是细节多，合格的模型指完
整的体现细节的情况下，保持面数尽量少，所
以体现细节才是最关键的。现在模型创建越来
越复杂，随之而来的是对 UV 贴图的要求越来
越高，难度越来越大。对于一个角色的最终质
量的优劣，UV 是一个关键点，一般情况下高模
不用来直接展 UV，而是做模型时用低模或中模
展 UV，然后再导入到 Zbrush 软件里雕刻成高
细节模型，之后生成法线贴图，最后将法线贴图
赋予当初的低模或中模。对于高模的展开方法特
别是人物高模，如果利用软件自带 UV 系统会太
复杂费事且费力，一般情况下推荐使用 Unfold
和 UVlayout 两款软件来操作，比较而言更加方
便快捷。无论是用软件自带功能还是其他软件展
UV 都要注意以下几点：

1. 首先要确保三维模型 UV 临时纹理（一般
用黑白棋盘格表示）显示为大约正方形，棋盘格
是否存在拉伸变形至关重要，否则再好的贴图也
会产生变形扭曲，UV 线是否均匀有没有重叠、倒
置现象发生，同时 UV 线一定要符合模型的结构
走向（图 2-19）。

2. 三维人物 UV 拆分后必然会有一个接缝的
问题，在展开时接缝尽量放在不容易发现的地方，
如拆分手臂 UV 就将接缝放置于手臂后侧，后侧
相比较外侧更容易隐藏。如拆分头部 UV 将接缝
线放于后脑勺部分便于毛发的掩盖，同时尽可能
的焊接 UV 点减少接缝出现的频率（图 2-20）。

3. 注意 UV 比例编排和分辨率，比例上头
部占用的分辨率和面积相应要大一些，尽可能减
少空间的浪费将一些非重要部位如耳饰等灵活填
充，尽量最大化地运用仅有的空间。一些相同和
对称的肢体部分如两侧手臂和脸的两侧，只需要
拆分一个或者一半的 UV，之后通过对称复制相同
物体方法来保证角色的完整性同时提高效率（图
2-21）。

图 2-19 UV 棋盘格（肖常庆制作）

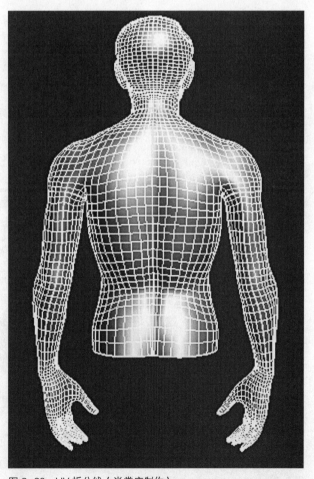

图 2-20 UV 拆分线（肖常庆制作）

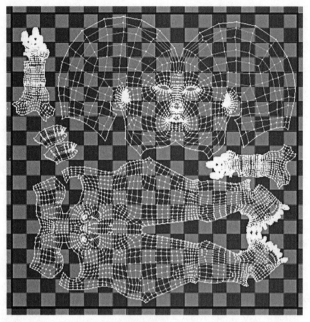

图 2-21 UV 编排（源自网络）

三维模型正确拆分 UV 后就要进行贴图的绘制了，贴图绘制一直是三维制作技术中的重要流程，一个三维作品的成败，贴图起着极为重要的作用，贴图的绘制是一项系统而复杂的过程，它需要熟练地电脑操作技能和审美的眼光及过硬的手上功夫，作为初学贴图需要从以下几个方面来了解：

1. 贴图绘制分为 Photoshop 绘制、Deeppaint 绘制和 Bodypaint 绘制几种方法。现在 Bodypaint 是比较高效、易用的软件，具有实时三维纹理绘制以及 UV 编辑解决方法，只要进行简单的设置，就能够通过多种工具在 3D 物体表面实时进行绘画，最为关键的是能旋转三维物体多角度绘制，而且能实时查看绘制效果，便于及时修改，同时具有开放式接口可以很方便地同三维软件完美结合（图 2-22）。

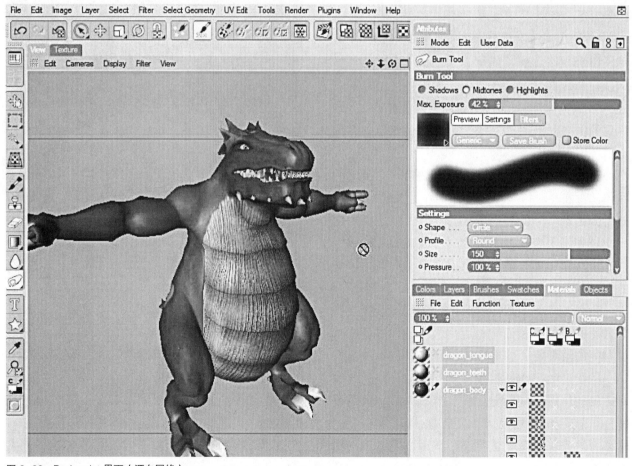

图 2-22 Bodypaint 界面（源自网络）

Deeppaint 也是一款可以创作出逼真贴图效果、功能强大的图形软件，但更新一直很慢，普及应用率上不及 Bodypaint。Photoshop 绘制是较常规的绘制方法，应用范围较广泛，它在图形处理绘制方面一直占有首要地位，现在绝大部分人员使用它来绘制贴图。贴图绘制可以使用 Photoshop、Bodypaint 或 Deeppaint 几种不同类型软件，但它们之间不是孤立的，彼此经常是互相补充的，项目制作中初期使用 Bodypaint 绘制贴图，最后图片素材的处理和后期效果的调整方面则要用到 Photoshop，所以不要将彼此严格分割开来。

2. 三维贴图的绘制分为纯手绘、素材处理两种类型，纯手绘一般借助手写板、数码笔进行贴图绘制，需要对人物贴图有很强的整体风格把控能力，主要依靠手绘功底以及对色彩、虚实、明暗关系的审美能力。在软件上需要了解各种笔刷的用法，每个笔刷的效果不一样，一般更多会用到加深、减淡、图层的叠加样式等工具，常应用于卡通动画及网络游戏贴图绘制（图 2-23）。

素材处理主要是利用现成的照片素材进行局部色彩明暗的调整，在写实场景贴图及室内外设计中应用较多。对于高级仿真角色人物，如面部和裸露的手臂等逼真贴图绘制过程会极其的繁琐，所以仅仅利用素材处理远远不够的，必须用到 ZBrush 这款软件，通过真实素材投射照片纹理的方式，生成贴图然后再进入 Photoshop 进行局部的加工细化才能最终完成，这种方式用于影视级的高级仿真动画（图 2-24）。

图 2-23　贴图（源自网络）

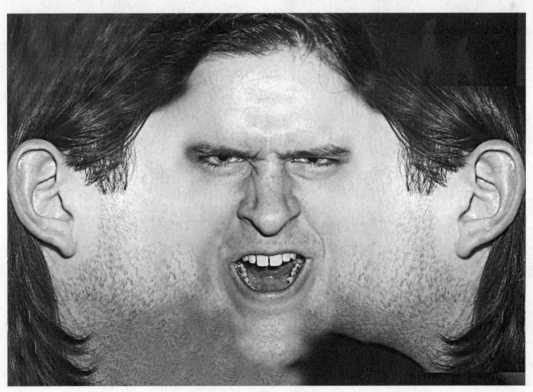

图 2-24　贴图（源自网络）

3.贴图绘制过程中一定要按UV走向来绘制，根据项目要求设置分辨率大小，一般1024乘以768就已经足够了，2048乘以2048使用率较少，无特殊要求分辨率不必太大，否则反而会影响渲染速度，除非事先项目有特殊要求，同时要清楚贴图的用途，比如网游和次时代的贴图要求是不一样的。贴图本身不同的组合便可以产生很好的效果（图2-25）。

因此并不需要给每一个贴图都设置参数，只需要多次调整便可以达到理想的要求，学会贴图的灵活重复利用。三维动画的制作是一个流水线生产过程，团队的相互合作极其重要，项目初期必须在文件格式、尺寸大小、文件命名、存储位置等方面统一规范，文件需要统一管理，否则会造成工程进度缓慢或混乱，相比较国外在文件规范管理方面做得很不错。三维贴图绘制需要多种类型，特别要在颜色贴图、高光贴图、法线贴图和置换贴图等方面特别慎重，因为它是决定贴图绘制成功与否的关键，贴图绘制人员除了具有良好的审美能力及手上功夫之外，还要对这个真实世界的细节具有很好的观察力，把有趣的元素和细节表现在贴图上，需要有一双善于发现的眼睛。

2.1.3.3 低模型UV贴图绘制要求

一般情况下模型贴图的表现方式，高模型相对应高质量的贴图，低模型相对应低质量的贴图，上一节讲到低模和高模没有绝对的划分标准总是相对的，低模型角色相比高模角色的区别在于面数少、细节少、贴图数量较少而且分辨率也不高，高模型面数较多、制作精细，但是渲染速度相对较慢，低模型面数较少制作粗糙，但渲染速度相

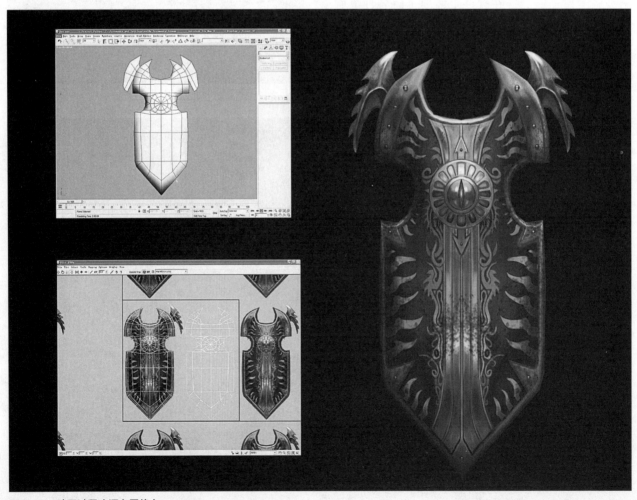

图2-25 贴图过程（源自网络）

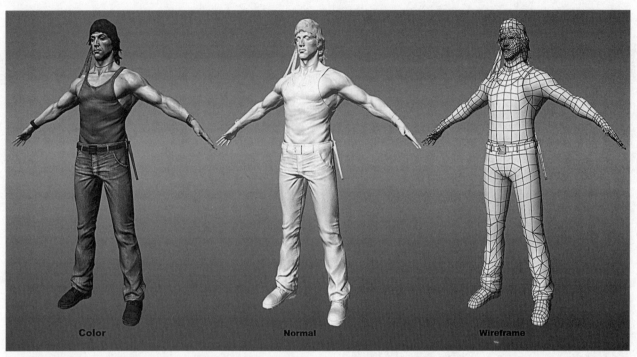

Color   Normal   Wireframe

图 2-26 低模高贴（源自网络）

对较快，因此在实际项目中渲染主要角色常采用高面数模型进行建模贴图，而远景及配景为最大化利用资源提高渲染时间，则采用低面数模型贴图。同时删除摄像机看不见的面，最大限度地减少资源占用，提高效率（图 2-26）。

低模一般应用游戏动画较多，特别是网络动画游戏，因为游戏需要游戏引擎实时渲染。电脑实时渲染速度过慢会出现卡机现象，最终导致游戏不能顺利进行下去，所以在游戏动画制作过程中要明确考虑这一点。然而三维影视动画并非实时渲染不涉及卡机等问题，因而为了追求角色具有更加逼真的细节可以依靠建模来完成，不像游戏那样过分受面数局限，所以一般游戏制作过程更注重模型创建和贴图绘制，游戏的细节绝大部分是用贴图所代替。也就是在有限的面数和尺寸里，怎样更好的表现整体材质纹理效果是贴图的最高境界。

低模贴图过程中如何检测绘制的贴图效果好坏与否，主要不完全看绘制的平面图效果如何精美。在绘图软件中绘制的平面贴图效果不是关键，关键是赋予给模型上以后体现出的效果是否达到既定的要求，因为我们最终的贴图要在三维立体空间中体现，绘制贴图是为画面效果服务，因此绘制贴图最好从简单的基本技巧开始：

1. 贴图绘制类似于色彩写生要着眼于整体宏观把握，不要直观考虑绘制贴图就是马上进入细节的刻画。从开始绘制第一笔颜色开始就要胸怀大局，从大色调入手，也就是从基本材质色调入手，比如绘制金属效果，初步建立单色金属材质同时把基本材质保存起来，这样，当你需要建立相似材质的时候只要在基本材质上进行相应修改即可（图 2-27）。

2. 基本材质方面绘制完成后才可以开始添加细节，进行局部处理、细节刻画、高光修饰等手法，比如金属上面添加破损效果、腐蚀效果、高光效果等。基本材质方面没把握住，只盯住细节则会越做越局部化，自己费时费力、疲劳不堪，最后却不知道该什么时候完成，把所有的细节都做了还不知道算不算做完，把所有的手法都用了整体效果却越来越差，这就应验了基础绘画写生中的太注重细节刻画忽视整体，结果是"只见树木不见森林"（图 2-28）。

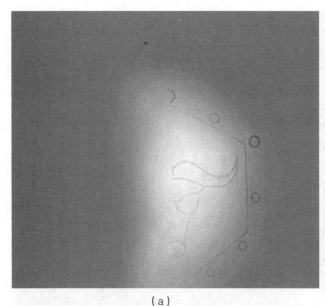 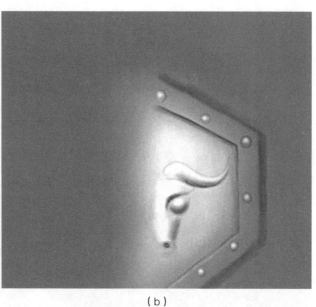

（a）　　　　　　　　　　　　　　（b）

图 2-27　贴图基本关系（源自 www.cgjoy.com）

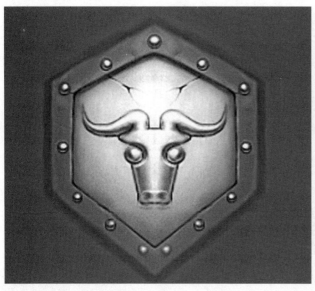 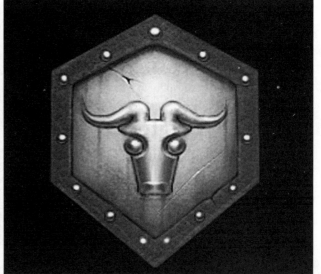

图 2-28　贴图细节刻画 1（源自 www.cgjoy.com）

3. 过分注重细节不可取，相反忽视细节更不可取。在贴图绘制中会忽略材质的微小细节，虽然这些细节在初期的时候很少引起注意，但是低模最终效果的显示恰恰需要贴图各种细节的累积共同体现出来，细节刻画在这个时候就显得特别重要，绘制贴图的职责就是带给观看者一些有趣的、生活化、细微的东西。动画专业不同于室内外环艺设计专业，环艺设计专业是制作出崭新的效果，而动画专业是展现生活化的细节过程，更多的是做旧，比如脱落的墙皮、几块破砖、几幅旧画、裸露的铆钉螺帽、地板的油渍等。这些细节往往是你最后贴图效果真实与否的关键，当然细节刻画不要太显眼，要是太突出就失去本来的用意了。"喧宾夺主"一定不可取，关键要清楚细节的刻画是增加最终整体气氛的砝码（图2-29）。

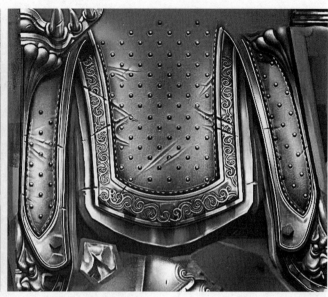

（a）　　　　　　　　　　　　　　　（b）

图 2-29　贴图细节刻画 2（源自 www.game798.com）

2.1.4　人物动作动画运动控制

近十年来，随着国家政策的鼓励，动画制作产业不断发展，大量资金和技术不断涌入这个领域，三维动画产业以前所未有的速度超速前进，对计算机三维动画创作本身带来了机遇，同时也形成了巨大的挑战，特别是人物动画动作控制系统，因为其本身技术的复杂性远远不能满足当前的需要。动作运动控制是三维人物动画中一门不可回避的重要科目，其中人物表情的喜怒哀乐、形体循环的走跑跳摔等动作，都要符合真实人物动作运动的自然规律，制作效果要尽可能细腻、逼真。

动画师除了要系统研究人物各种类型的运动规律之外，还要熟练掌握三维软件系统提供的人物动作运动控制模块，如骨骼关键帧动画控制系统，同时结合机械运动捕捉系统，进行人物复杂动作运动轨迹的扫描匹配，最终通过蒙皮绑定等相关技术产生符合人物运动规律的动作造型。

2.1.4.1　本身关键帧控制

三维软件自身带有一套角色骨骼关键帧动画设置系统，对于简单的动作可以通过其进行相应

的设置，最终完成动画人物动作的设计。"帧"就是动画中最小单位的单幅影像画面，相当于二维动画中的一张中间画或电影胶片上的每一格镜头，在三维软件中的"帧"就是时间轴上的一格或一个标记点。

关键帧的概念来源于传统的卡通片制作，由资深动画师设计卡通片中的关键动作画面，也即所谓的关键帧，三维软件动画中同样需要设置关键性的动作设计，相当于二维动画中的原画设计。关键帧技术是计算机三维动画中最基本且运用最广泛的动画方式。关键帧是指最主要的动作结构，也就是角色运动或变化中关键动作所处的那一帧（图 2-30）。

三维软件中不像二维动画那样每一帧都需要手绘，只需要每隔一定帧数设置好一个关键动作，也就是关键帧动画，关键帧与关键帧之间的动画可以由软件自动生成，这种自动生成的动画叫做中间帧，中间帧的生成由计算机来完成，插值计算代替了每一帧单独设置的过程。中间帧就是在关键帧基础上再加入的帧，中间帧一般情况下帧数量较大，通过关键帧和中间帧，使整个动画产生连贯自如的动作。

图 2-30 关键帧动画（肖常庆制作）

2.1.4.2 机械运动捕捉控制

一般情况下计算机三维动画软件可以通过人工手动 K 帧（设置关键帧）来做动画，对于简单的动作来说尚可，但是对于复杂动作就比较繁琐了，比如相互搏斗的群体性场面，如果使用手动设置关键帧动画就力不从心了。

在影视动画制作花絮中经常看到在人身上打上标记点，用动作捕捉系统将真人的动作记录下来，从而这些标记点就有了运动的轨迹，然后将这些标记点的轨迹输入到三维软件中，与创建出来的角色模型进行匹配，从而产生和真人运动一模一样的动画——这就是运动捕捉过程（图2-31）。

运动捕捉技术的出现可以追溯到 20 世纪 70 年代，迪斯尼公司曾试图通过捕捉演员的动作以改进动画制作效果。当计算机技术刚开始应用于动画制作时，纽约计算机图形技术实验室的

Rebecca Allen 就设计了一种光学装置，将演员的表演姿势投射在计算机屏幕上，作为动画制作的参考。随着计算机软硬件技术的飞速发展和动画制作要求的提高，从 20 世纪 80 年代开始，世界各国相关部门不断在这个领域探索和研究，并从试验性研究逐步走向了实用化，有多家厂商相继推出了多种商业化的运动捕捉设备，运动捕捉系统可以把动画制作人员从繁重的 K 帧工作中解放出来，将更多的时间和精力用在创作创意上，对动画行业的整体水平提高有着积极的作用。

1. 运动捕捉原理及组成

运动捕捉系统是一种用于准确测量运动物体在三维空间运动状况的精密技术设备，它基于计算机图形学原理，在运动物体的关键部位设置跟踪器，通过分散在空间中的数个视频捕捉设备，捕捉跟踪器的具体位置，并将跟踪器的运动轨迹以严格数据的形式记录下来，再经过计算机处理

（a）　　　　　　　　　　　　　　　　　（b）

图 2-31 《龙剑》运动捕捉现场

后，转化为可以在动画制作中识别的图像数据，依据跟踪器的空间坐标（X、Y、Z）数据，动画师在计算机中追踪坐标数据和虚拟物体数据进行匹配，最终控制物体的运动。

简单来讲运动捕捉的实质就是测量、跟踪、记录物体在三维空间中的运动轨迹，

运动捕捉设备一般由以下几个部分组成：

1）传感器：所谓传感器是固定在运动物体特定部位的跟踪装置，比如固定在人体中的膝关节、肘关节等运动幅度较大的部位，便于动作的捕捉。

2）信号捕捉设备：负责捕捉，识别传感器的信号，负责将运动数据从信号捕捉设备快速准确地传送到计算机系统，这种设备类型不同而有所区别。

3）数据传输设备：就是将大量的运动数据从信号捕捉设备快速准确地传输到计算机系统进行处理，而担任此项传输数据的桥梁就是数据传输设备。

4）数据处理设备：经过系统捕捉到的数据仅仅是一堆物理数字编码，需要借助数据处理软件及硬件来完成此项工作，这就是数据处理设备。通过它进行修正、处理后和三维模型进行空间匹配，最终才能将捕捉的空间坐标数据和三维虚拟模型完美结合，创造出生动、自然的优美动作。

2．运动捕捉系统类型

到目前为止，常用的运动捕捉系统从原理上

说可分为机械式运动捕捉、声学式运动捕捉、电磁式运动捕捉和光学式运动作捕捉。

1）机械式运动捕捉是依靠机械装置来跟踪和测量物体的运动轨迹。系统捕捉原理是由多个关节和刚性连杆组成，在可转动的关节中装有角度传感器，可以测出关节转动角度的变化情况。动作运动时，根据角度传感器所测得的角度变化和连杆的长度，可以得出杆件末端点在空间中的位置和运动轨迹。早期的运动捕捉装置是用带角度传感器的关节和连杆构成一个"调姿态的数字模型"，其形状可以模拟人体，也可以模拟其他动物或物体。使用者可根据剧情的需要调整模型的姿态，然后锁定。角度传感器测量并记录关节的转动角度，依据这些角度和模型的机械尺寸，可计算出模型的姿态，并将这些姿态数据传给动画软件，使其中的角色模型也做出同样的姿态。这是一种较早出现的运动捕捉装置，但直到现在仍有一定的市场。国外给这种装置起了个很形象的名字——"猴子"，现代的机械式运动捕捉技术则不必再去调整模型的姿态，而是可以实时采集人体的运动数据，只需利用一套外骨骼系统将角度传感器固定在表演者的身上，就可以进行人体的动作数据采集。

机械式运动捕捉主要是由机械连杆以及运动测量来完成，优点是成本很低，捕捉定标简单，精度也较高，可以很容易地做到实时数据捕捉。

图2-32 动作捕捉（源自火星官网）

但是这种生硬的机械装置对表演者的动作限制很大，用于连续动作的实时捕捉时，需要操作者根据剧情需要不断调整动作姿势，较繁琐且很多激烈的动作都很难完成，主要用于静态造型捕捉和关键帧的确定。而且同一空间时间内仅能完成一项捕捉，无法兼顾其他，做到人、物、景的同步运动捕捉，捕捉范围比较单一，使用起来极其不方便。

2）声学式运动捕捉常规由发送器、接收器和处理单元三部分装置组成。发送器是一个固定的超声波发生器，接收器由呈现三角形排列的三个超声探头组成。工作原理是通过测量声波从发送器到接收器的时间或者相位差，系统可以计算并确定接收器的位置和方向。这类装置成本较低，由于声波的传导具有时间差，因而运动捕捉的实时性有延迟和滞后，精度也不是很高，而且一旦声源和接收器间有物体遮挡或其他噪声反射干扰，效果会大打折扣。同时空气中声波的速度与气压、湿度、温度都会对最终的捕捉精确性产生干扰。

3）光学式运动捕捉通过对目标特定光点的监视和跟踪来完成运动捕捉的任务，目前常见的光学式运动捕捉大多基于计算机视觉原理。工作原理如下：捕捉系统有一定数量相机（通常6～8个），环绕表演场地排列，这些相机的视野重叠区域就是表演者的动作范围；通常要求表演者穿上单色的服装，在身体的关键部位，如关节、髋部、肘、腕等位置贴上一些特制的标志或发光点，称

为"Marker"点，视觉系统只识别和处理这些标记点；标记点设置完毕后，通过相机连续拍摄表演者的动作，并将图像序列保存下来，然后再进行分析和处理，识别其中的标记点，并计算其在每一瞬间的空间位置，进而得到其运动轨迹。标记点是光学式运动捕捉关键所在，通过这些标记点的空间位置运动变化，可以实现精确地表情捕捉和动作捕捉，实际项目中大部分捕捉都采用光学式运动捕捉系统（图2-32）。

随着科技的不断发展，目前已经产生了不依靠"Marker"作为识别标记点，而应用图像识别分析技术，由视觉系统直接识别表演者身体关键部位并测量其运动轨迹的技术，相比较改进之处在于不需要专门穿戴任何东西，不需要更换服装，不需要校准反射点，不需要担心标记点被遮盖，你可以随心所欲地进行捕捉。工作原理大体是演员无需穿着特定运动捕捉服，无需标记点，只要在摄像机前随心所欲的表演，捕捉到的画面就会由电脑实时生成图像，图像被合成三维数据云后，电脑将相邻的数据点三角化，进而形成人体的轮廓、动作。最后再用动画软件对被填充的三维材质作进一步处理，捕捉到的任何动作细节都不会丢失。捕捉效果极好但系统价格特别昂贵。

总而言之，对于空间中的一个点，至少保持两部及以上相机所见，则根据同一时刻相机所拍摄的图像和相机参数，可以确定这一时刻该点在空间中的位置。当相机以足够高的速率连续拍摄时，从图像序列中就可以得到该点的运动轨迹。光学式动作捕捉虽然可以方便的实时捕捉运动，但后处理（包括Marker的识别、跟踪、空间坐标的计算）的工作量较大，对于表演场地的光照、反射情况有一定的要求，装置定标也较为繁琐。特别是当运动复杂时，不同部位的Marker有可能发生混淆、遮挡，产生错误结果，这时需要人工干预后处理过程。特别是捕捉系统价格比较昂贵，动辄几十万上百万，因而一般小型项目考虑成本问题很少使用。

光学式动作捕捉设备没有电缆及机械装置的限制，表演者活动范围较大，可以自由地表演，使用很方便。利用 Marker 标记点追踪方式采样速率较高，可以满足多数高速运动测量的需要，而且 Marker 标记点价格便宜便于使用，在后期合成软件中 Marker 标记点应用极其普遍。目前项目制作中，光学捕捉系统、三维软件系统及后期合成系统三者相互结合得更加紧密。

4）电磁式运动捕捉设备一般由发射源、接收传感器和数据处理系统组成。工作原理是发射源在空间产生按一定时空规律分布的电磁场，接收传感器（通常有 10 ~ 20 个）安置在表演者身体的关键位置，通常在关节等运动幅度较大部位，随着表演者的肢体在电磁场中作空间运动，接收传感器也随着运动，并将接收到的信号通过电缆传送给处理系统，随之将这些信号解算出每个传感器的空间位置和方向（图 2-33）。

电磁式动作捕捉对环境要求严格，捕捉场地附近不能有金属物品，否则会造成电磁场畸变、影响精度，允许表演的范围比光学式要小，特别是电缆对表演者的活动限制比较大，对于比较剧烈的运动和表演则不适用。但是电磁式动作捕捉能够记录的是六维信息，不仅能得到空间位置，还能得到方向信息，而且速度较快、实时性好。装置的定标比较简单，技术较成熟，设备成本相对低廉便于广泛使用，因而电磁式运动捕捉系统是目前比较常用的运动捕捉设备。

随着动画技术的不断进步，运动捕捉技术应用于动画制作，可极大地提升了动画制作的水平，提高了动画制作的效率，降低了成本，而且使动画制作过程更为直观，效果更为生动。随着技术的进一步成熟，表演动画技术将会得到越来越广泛的应用，而运动捕捉技术作为表演动画系统不可缺少的、最为关键的部分，必然显示出更加重要的作用。运动捕捉技术不仅在动画领域中应用广泛，而且在人机交互、虚拟现实系统、机器人遥控、人体工程学研究、模拟训练、生物力学研究、互动式游戏、体育训练、卫星探测等领域也有非常广泛的应用前景。随着技术本身的发展和相关应用领域技术水平的提高，运动捕捉技术将会得到越来越广泛的应用。

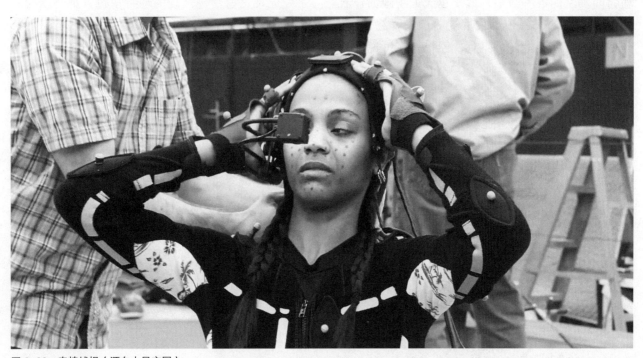

图 2-33 表情捕捉（源自火星官网）

2.2 三维动画动物角色基础

三维动画影片中，经常出现以各种动物为主要剧情的角色造型，这些动物角色以主角或配角的自然形态出现，它们是商业动画片中不可或缺的重要组成部分。根据剧情需要这些动物角色在设计时除了保持了它们基本外形及体貌特征外，都经过大胆的夸张变形和拟人化的处理，使它们具有像人一样的思想感情，会说话、走路、表演，做出很多与人相似的动作，并具有夸张的喜怒哀乐等表情。这些拟人化的动物角色能够拉近与观众之间的距离，让观者情不自禁地进入到故事情节中去，成为其中的一员，感受到影片中角色的情感变化。比如《马达加斯加》中斑马、狮子、河马、长颈鹿等主角活泼机灵、性格各异，让人看得很开心，尤其是它们滑稽的动作，夸张的表情，饶舌的语言让人笑声不断、惹人喜爱。恍惚间我们似乎忘记了它们动物本身的特性，它们仿佛变成了一个个活灵活现、顽皮可爱的孩子，带我们重新回归到一种无拘无束、海阔天空的童真状态（图2-34）。

在近年来的动画题材类型中，精心设计围绕动物间发生的各种故事，似乎也成了动画创作者们无法回避的一件事。从早期的《侏罗纪公园》到现在的《冰河世纪》系列，无一不在诉说这一个相同的话题。

2.2.1 动物角色与人物角色的关联

商业三维动画片中因为加入了大量的动物元素而显得生动、新鲜、丰富精彩，这些动物角色并非现实生活中真实动物的翻版，是经过了拟人化的处理。它们像人一样具有思想感情，会表演，会做很多跟人类相似的动作。动物角色的造型总是能够给动画创作带来无限的空间，能够给予观众更多的新鲜感及惊喜。动物角色的拟人化是塑造动物性格的重要手段，借助拟人化将动物以及无生命的物体赋予情感与生命力，这是动画艺术的显著特征，所以动物和人物不但在物种渊源上有着千丝万缕的联系，而且在动画造型方式上也是相辅相成、相互借用、彼此依存。

怎样的动物角色塑造才算成功呢？一部商业三维动物角色影片并不在于本身讲述了什么，最主要的是看完影片后除了对剧情经常回味外，时常会将生活中的各色人物和影片中的相应动物联系起来，比如《马达加斯加》中舞技出众自我感觉良好的狮子、向往回归野外生活的调皮斑马、笨拙善良总以为自己容貌出众身材一流的河马、神经兮兮的长颈鹿及自命不凡的企鹅（图2-35）。

无疑这些活灵活现的动物角色，都是以我们生活周围各种性格特点的人物为原素材演化的，所以在观看影片时不禁倍感亲切，而且还有一种似曾相识的感觉。

（a）

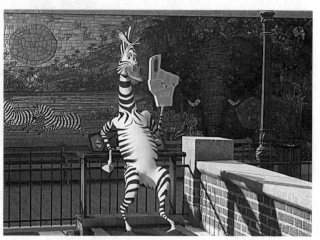

（b）

图2-34　选自影片《马达加斯加》

（a）　　　　　　　　　　　　　　　　　　　（b）

图 2-35　选自影片《马达加斯加》

2.2.2　动物角色与人物角色的异同

　　三维动物角色是动画师依据现实动物原型，经过艺术加工后所创造的虚拟形象，不是仅仅类似于摄像机毫无取舍地还原本身，它源自于生活却必须高于生活，它通过动物的故事情节反映一个群体，也可以反映地域性和时代性的特色，这种故事情节的表达必须或多或少的和人建立某种联系，因为动画影片的观众是人，所以动物的角色设计中必须添加一些人为的元素在里面，将人物的动作表情等熟悉的元素，通过动画师丰富的想象及艺术化处理，汲取人物形象的某些特征结合动物本身的特点，从而使造型新奇有趣，凸显形象的个性特质，从而强化角色的感染力。比如《冰河世纪》中的树懒这个角色，长相滑稽、笨手笨脚、唠唠叨叨的造型是整部影片的一个活宝，在带给观众开怀大笑的同时，也会把这个动物形象与现实生活中油嘴滑舌、拖泥带水、见风使舵，但有一颗善良心灵的市井小混混形象联系在一起，这就是动物角色造型中常用的拟人手法。拟人手法在动画的创作中，无论是有生命的动物、无生命的物体，大到巨型恐龙，小到苍蝇蚊虫，都被赋予了人的情感和动作，从而表现得活灵活现，这就是拟人动画造型技巧所在（图 2-36）。

（a）　　　　　　　　　　　　　　　　　　　（b）

图 2-36　选自影片《冰河世纪》

（a）
（b）

图 2-37　选自影片《冰河世纪》

动物角色创作从设计理念上要尊重客观现实的基础，同时借鉴人物的性格特色，从外形体貌特征到局部细节刻画上深思熟虑，从创造性、夸张性、趣味性三方面入手，最终创建出的源于动物，但富有特定的人物性格特色的全新形象。比如《冰河世纪》中颇具独行侠打扮的独眼黄鼠狼（巴克），影片中的巴克虽然身材矮小，但造型打扮和肢体语言，甚至连招牌动作都反映出风趣、幽默、自信、身手不凡的性格特征。独自一人勇敢面对危险重重的恐龙部落，却又能够化解种种危险，这种形象角色恰恰是经常出现在商业真人影片中的"独行大侠"角色，所以是这部影片中又一个角色性格成功的造型（图 2-37）。

在形体设计造型上，动物角色一方面要遵循自然，以现实为依据，本身形体比例结构和运动形态造型要求严谨，同时大量借鉴人体的造型结构等体貌特征。在众多的成功动物角色中，不难发现不管造型怎样夸张变化，最终还是大量参考了人体的肌肉动作、布线原理、运动规律、表情神态等外在形象特征，这样设计出的角色既能体现动物的性格特征又赋予了人物的部分造型。随着时间的流逝，一部优秀的动画片的故事情节、

角色语言会被渐渐地淡忘，但是形象生动又性格鲜明的角色造型会永远留在观众的心中。

2.3　三维动画变形角色基础

角色设计是对角色形象进形全新的创造与设定，根据剧情需要造型严谨，忠实于原型，客观地反映出角色的结构、比例、形体特征和动态特征的写实风格的角色设定。还有一种是根据剧情主题需要来创作对象的整体结构，同时为突出创作对象的某些特征或某些个性元素，而进行局部的大胆变形和夸张，这些强化的夸张变形使其趣味性和幽默感大大加强（图 2-38）。

无论是写实类的还是变形类的角色，都要求创作者有过硬的绘画基本功，并具备一定的色彩表现力。特别是对角色进行夸张变形，更需要对写实角色基本的比例、结构、肌肉等非常了解，才能对角色的外在形态变形的同时兼顾角色的内在个性，尤其是对于角色的局部变形和整体比例的把握，人体的变形和饰品道具的匹配是否合理，怎样做到变形后的角色形神兼备，这些都是三维变形角色设计中始终要注意的要素。

图 2-38　选自影片《最终幻想》

2.3.1　动画变形角色演化本源

有了角色才有故事，要想成功设计角色的形象必须首先寻找角色的本源，形象性是艺术的共同特征，确立角色形象是设计师不断追求的目标，对于一个变形角色的设计过程并不是臆想出来的。通常，几名动画师依据剧本和现有的素材，首先设计一个单独角色的雏形，接下来共同交流探讨，展开发散性思维，参照角色相关素材画出各式各样的草稿图，设计师互相交流这些草稿图和意见，直到达成一致，提出草稿图的最终版本，并进入到下一个流程。比如在设计《阿凡达》中纳美人这个角色时，首先要有科幻外星生物这个特点，还同时兼顾需具有人的形体和特征，所以在角色

的设计上需要反复探讨、推敲、修改（图 2-39）。

在角色的概念设计确立通过后，就开始在电脑上为这个角色进行三维建模了。不过，角色概念的设计在三维建模的过程中同样也会继续修改和完善，因为初期的设定仅仅是平面效果，在三维建模过程中不同的角度会产生不同的视觉效果。这些工作会在计算机的三维模型与二维原画之间转换，两者是同步进行的。最后使角色开始更加具象化，最后完成了 360°三维立体实现。在工作过程中角色的变形修改贯穿整个工作流程。

动画角色的造型变化无论是神兽还是恶魔，都不是突发奇想、凭空臆造出来的，都需要参照相关的素材和理论依据，才能最终创作出成功的角色造型。

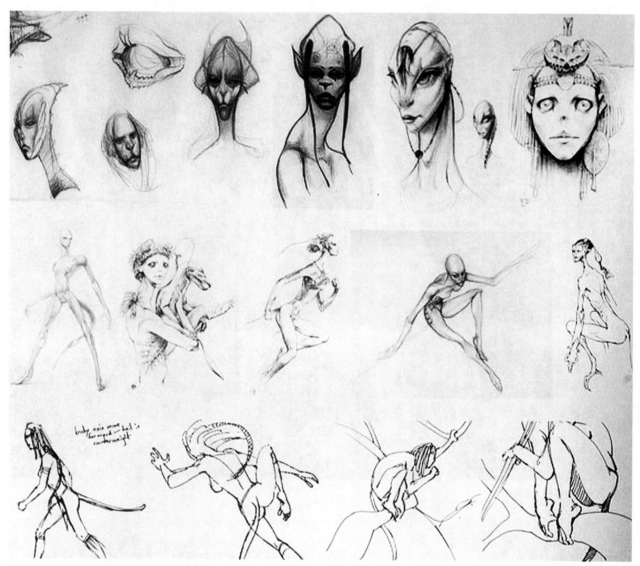

图 2-39 角色设定（源于火星时代官网）

2.3.2 动画变形角色变化规律

　　三维角色按内容划分为人物变形、动物变形、器物拟人化变形及各种人为变形生物，如半兽人、机器人、蔬菜水果等，所有的角色都可以人为的刻意变形处理，动画角色的变形并非没有规律可循，在进行动画角色变形设计时需要注意以下几个要点：

　　首先，动画角色变形要以立体思维模式构思，用体积的概念去思考，三维角色变形不同于二维角色变形，二维变形主要用线条的美感、力度、弹性等视觉变化构成，来表达平面空间的造型，

而三维变形中角色模型都计算进虚拟产生的，最终展示的是 360°立体模型，所以逼真感、写实感、立体感都需要综合考虑。

　　其次，动画变形角色应有利于商业化延伸，因此设计者还应该在设计角色时注重市场开发效应，角色的设计应适合衍生产品的生产和工艺加工，便于产品的开发，有利于角色形象进入更多的产品领域，比如影片《功夫熊猫》的角色形象健康、可爱有趣，便于市场推广和传播（图2-40）。

　　最后，三维动画角色的设计在影片中具有可复制性，同时考虑到计算机创建角色的复杂性，

图 2-40 《功夫熊猫》海报（源自网络）

所以角色设定应尽量少运用不必需的元素，主要体现角色的个性特征，节约时间减少不必要的耗费。

以上这些是在宏观角色设计上首要考虑的因素，进入到具体的设计环节还要在形体结构上进一步寻找规律。创作一款成功的角色形象需要的不仅是创意思维，还需要制作工艺、市场运营、媒体宣传等方面综合因素。

实时训练题

1. 从影片《超人总动员》人物角色中任选一个，进行手绘形体肌肉结构，并在三维软件中进行建模。

2. 从你所了解的三维魔幻影片中详细分析三个及以上角色造型设计，从角色变形的角度分析（2000 字以上）。

第3章　三维动画场景制作基础

3.1　三维场景类型风格关系统一

一部优秀的三维动画作品是一项系统工程，除了具有生动的动画剧本和完美的动画角色外，还需要适合剧情的动画场景这个重要组成部分。三维动画场景属于动画三要素之一，是一门具有特殊设计形式和视觉语言的创建艺术。动画场景可以划分为空间要素和设计要素。动画场景的空间要素主要包括：景观、建筑、道具、人物、装饰、颜色、光源等；设计要素主要包括：剧情、角色、场景这三个关键要素。动画场景在整个动画作品中起着渲染气氛、推进剧情、深化主题的作用，所以对动画作品而言具有举足轻重的地位。

三维动画场景是以动画剧本为蓝本，服务于角色塑造和剧情的表现。从类型上三维动画场景分为真实空间、实体空间、想象空间、虚拟空间四种空间形式。真实空间和实体空间是一种依据实际尺寸按比例制作的空间预览，这类空间常用于建筑设计、环境规划等实际项目的还原和预览。想象空间和虚拟空间是一种虚幻的、非真实的、不存在的空间模式，创作人员主要从剧本出发，兼顾剧情发挥天马行空的想象力，创作出一种合乎剧情的思维空间，这类空间主要用于三维动画、影视特效、电玩游戏等。

从构成上三维动画场景分为一度空间、二度空间、多层次空间和综合空间，其中综合空间层次丰富、结构复杂，在刻画角色、烘托剧情、渲染气氛方面较常用。三维动画场景建筑不同于二维场景建筑，它是一种立体建筑模式，它为推进剧情和刻画角色服务，除了要从构图形式、空间关系、透视比例等多个角度上保持统一，还要在场景建筑造型特色和整体色彩风格上保持协调统一。

3.1.1　场景风格色彩关系统一

三维动画是一种艺术表现，是一种世界观的设计，如今三维动画不仅成为传播媒体所采用的重要形式和叙事体，而且成为了视觉文化生态与发展的主力军和重要推动力。优秀的动画作品不仅具有扣人心弦的剧情及出色的场景角色设计，最重要的是通过这些剧情、场景角色造型，最终渲染出的是一种意境，是一种具有情绪色彩的节奏气氛。因而气氛的营造是动画场景设计的第一位，包括昼夜更替、日月轮回、四季循环、地域风情及民族特色等，不同的地域气候和环境色彩能给观者带来不同的感受，这种视觉的真实不一定是现实中的那种真实，是动画师自己营造出来的一个虚拟的真实，所以除了硬性的场景建筑造型、音乐渲染外，还需要用色彩去展现。

三维场景中的色彩关系是指色彩在立体场景画面中搭配的节奏和艺术美感，三维影片中的场景基调大多依靠场景色彩及灯光、材质来支撑，所以在场景色彩中需要把握几种关系的统一：

1. 客观色彩，就是实际客观世界真实的色彩基调，是写实场景中装饰造型的本质色彩，类似于写生色彩中的"固有色"，是光影与质感的基本体现，常用于表现四季交替、日出日落等客观性的色彩变化（图3-1）。

图 3-1　选自影片《冰河世纪》

图 3-2　选自影片《冰河世纪》

2. 主观色彩，就是依据剧情和角色刻画的需要，为突出特定情感或动画师个人的色彩嗜好，而采用的超乎客观现实的夸张变形的色彩手法。这种主观色彩在影片中经常使用，主观色彩是一种超常规的色彩表现模式，在一定程度上打破了色彩基本配色原理的限制，往往能够塑造出独特的气氛和意境（图 3-2）。

3. 装饰色彩，主要是介于客观色彩和主观色彩之间的纯粹的配色表现，是对主客观色彩的高度概括或强化。为突出剧情或视觉特效甚至变形夸张，也是一种情绪化的色彩，这类色彩常用于动画场景具有独特个性的配饰物品，增加其装饰性和趣味性，有时起到铺垫或画龙点睛效果（图3-3）。

三维动画场景中除了自身的色彩关系外，还受到材质贴图及灯光的影响，美学原理光色定律中"光产生了色，无光即无色"，可见灯光表现对场景色彩的影响极大，黄光创造出一种高雅、温暖的色调，蓝光创造出一种理性、诡异、阴冷的色调，不同色调的灯光照明会对同类材质的色彩产生不同的情感传递，所以在场景色彩关系的把握中，要善于利用软件的虚拟灯光更好为表现色彩服务。

3.1.2　场景风格造型关系统一

一部优秀的动画作品应该是内容与形式的完美结合。内容就是作品剧情关系，形式就是结构造型，尤其是场景的造型形式通过空间结构、色

彩搭配、绘画风格，对整部影片形式风格、剧情内容的把握和烘托，都起着极其重要的作用。动画师需要探求空间造型中整体与局部、局部与局部之间的关系，形成动画作品造型形式的基本风格。三维动画中的场景建筑造型的搭配，实际上是在形式上运用对比、统一、重复、相似、节奏等相应的构成方法，通过具体的动与静、轻与重、大与小、粗与细等对比，进行整体风格的统一安排再设计，最终达到自然的融合。

三维动画场景按风格划分为动漫风格、写实风格、幻想风格三种主要风格。不管哪种形式风格都需要把握尺度，创造丰富多变的场景空间并不是要求动画师一味追求复杂，过于复杂会造成繁琐炫目的相反效果，所以在场景造型方法上要寻找一定的规律。

1．三维动画场景讲究场景造型的直观性。将场景造型处理的尽可能丰富些、多变些，虽然更容易的创造出气氛和感觉，但是过多的琐碎细节也很容易将造型的直观特性和第一层寓意掩盖，场景一般是服务于角色和剧情的，恰到好处的表

图3-3　选自影片《海底总动员》

达即可，当然直观性并不同于单调性，造型艺术的直观性并不是抹杀对丰富效果的追求，影片《冰河世纪》中蔚蓝的大海、洁白的冰川等，流畅、透明、干净简洁的场景造型，同影片中动物角色毛皮的温暖、可爱的造型形成鲜明的对比（图3-4）。

　　2．三维动画场景讲究场景的对比统一性。对比与统一是场景造型设计的基本要求，通过造型的对比，体现此造型与彼造型之间的关系，以及通过造型对比进而产生的角色情感、剧情内容上的重定位。对比是一种彼此间温和地抵触，对比产生了差距，对比产生了对抗，对比造型具有了一定的画面情趣，但过分的造型对比势必造成视觉上的凌乱，因此要将众多造型元素进行整体风格的统一整合，最终形成大统一、小对比且具有节奏美感的和谐画面。影片《冰河世纪》中大块直线型的冰川和椭圆松子形成鲜明的对比（图3-5）。

图3-4　选自影片《冰河世纪》

图3-5　选自影片《冰河世纪》

3. 三维动画场景讲究场景节奏的平衡性。节奏是一种变化，是一种有秩序、有规律的变化；平衡是一种相互制约，是一种在相互调节下的安定，静止的现象。在一部三维动画片中面对众多的场景建筑、道具陈设、花草饰品，如果没有规律的节奏编排或相互配合的平衡，势必就会凌乱不堪。这类似于乐曲弹奏，面对有限的音符，不同曲目弹奏的效果各不相同，优雅的、缠绵的、激昂的，原因在于如何去编排这些音节。道理类似，同样的场景造型的编排方式、比例组织不同，最后达到的效果也不尽相同，所以在进行场景造型的过程中，要在造型要素的形、色、质及空间、大小、位置的综合平衡中寻求画面节奏的美感，影片《冰河世纪》中动物沿着具有设计节奏的场景蜿蜒前进，利用曲折的场景暗示着灾难正在一步步逼近（图3-6）。

作为一部优秀的场景造型作品，在丰富多变的场景建筑造型空间中，最快地、最准确地传达出信息、突出主题，观众能够快速地领会寓意，不会感到虚假、突兀、单调，沉浸在丰富生动的视觉效果中，享受其中，娱乐其中。

3.2 三维场景项目设置统一

三维场景项目制作过程中，严格意义需要绝对参照平面图、立面图、细部图、剖面图和气氛图来创建，这些平面图准确标明比例尺寸，他们是三维场景造型设计的基本依据。根据这些图可以看出每一栋建筑或道具的样式、规模、结构、尺寸、大小及建筑彼此间距等常规要素。三维动画制作是一项团队合作的集体性项目，同一个场景可能需要不同的动画师分工制作，比如在建造街道街景时，可能需要一部分制作建筑，一部分制作街道店铺，一部分制作花草配饰，另一部分需要制作各种年龄段角色人物，最后将这些模型合并在一起，一个完整的场景制作才最终完成。项目需要彼此分工协作，所以必须有基本的比例尺寸依据，这样可以帮助不同动画师在局部场景建模并最终能够组合成一个完整的场景（图3-7）。

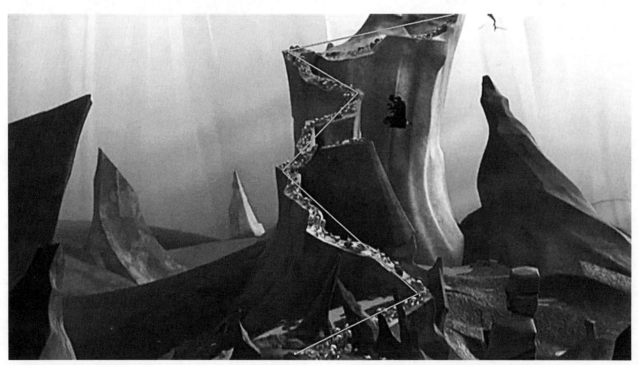

图3-6　选自影片《冰河世纪》

图 3-7　街道场景（源自网络）

3.2.1　场景单位比例尺寸统一

在三维场景制作过程中初学者经常出现"灯光太亮、场景曝光过度或场景漆黑一片"的情况，怎么调节灯光大小都无济于事。原因并不完全在于灯光问题，这些问题都和场景项目比例单位设置的不正确有关，现在的灯光及渲染都涉及全局光和光能传递，他们的一个重要的依据就是"距离"，距离太远或太近，灯光照明度就会不够或过强，最终造成漆黑一片或曝光过度，距离的参考依据是比例尺寸，脱离了这个参数则光能传递将无所依存，因此就会导致一系列的不正常现象发生。所以在创建场景的时候首先要做到场景设置的统一。

另外三维动画场景比例尺寸的设置，目的并不是为了要做到精准的工程设计（精准的工程场景一般用到工业制作方法，如 Auto Cad 制图等），项目单位比例的设置主要是便于团队合作，提高工作效率。

3.2.1.1　单位设置统一

"单位"也就是现实中的刻度，是基本的测量单位，"单位统一"是在进行项目制作之前首要考虑的问题，比如现实生活中测量陆地距离的毫米、厘米、米、千米或者测量海洋距离的海里等，这些量度单位在三维软件中都一一对应。三维软件场景中用于尺寸参考的网格 Grid，常规情况下是以每段 1 个单位长度进行分布的，特别是同一动画镜头需要在不同的软件之间相互配合制作时，一定要统一单位，比如 3Dmax 默认的美国标准单位英尺，Softimage 3D 和 Maya 默认的单位是厘米，角度单位是度，时间是秒。几种不同三维软件交互使用时，单位统一就至关重要，单位设置不仅与物体尺寸有关，还涉及软件动力学模块的动画计算效果。所以在项目开始时一定要高瞻远瞩，宏观考虑不同软件的单位统一性问题，否则后期出现问题修改相当困难。

3.2.1.2　比例尺寸统一

"比例尺寸"问题也是三维场景的基本问题，

场景模型创建完成后，可以在相关面板查看和修改对象的尺寸参数，只要没有进行缩放对象，显示的尺寸即是对象的实际尺寸，修改参数尺寸同时也修改了对象的实际尺寸。场景建模中尽管可以利用缩放来控制比例大小，但是缩放后的尺寸不会更改对象的原始尺寸数据，显示的尺寸并不是对象的实际尺寸，甚至手动修改也仅仅是修改对象绝对比例作用下的相对尺寸，并非实际场景尺寸。

常规情况下场景建模最好按实际比例进行创建，很多灯光照明和渲染是按比例尺寸运算的。对于比较大的环境场景，比如城镇鸟瞰图，面积达几十平方公里，假如还是以实际尺寸建模，恐怕计算机就难以运行了，所以需要根据计算机配置和项目要求情况统一等比例创建，按照场景实际大小设定比率，比如基本单位为"厘米"，模型与实物比例为1：100，基本单位为"毫米"，模型与实物比例为1：10000。

如果仅仅停留在建模上，比例尺寸大小问题影响并不是很大，因为我们可以在模型完成后对模型进行整体的缩放操作，但是当需要继续后面的贴图、灯光、骨骼绑定、动画调节、动力学特效等操作环节时，问题将接踵而来。因此在建模初期就要按照事先设置好的比例尺寸去创建。

3.2.2 动画类型与场景面数统一

三维动画依据题材、领域、风格、景别、内容等不同分为多种类型，不同的动画类型对应的场景不同，因而对场景面数的数量要求也不尽相同，如何在保证作品质量的前提下节约时间降低成本，如何准确、合理、高效的规避问题提高效率，是动画师需要不断认真探讨的问题。

3.2.2.1 动画类型场景的划分

场景是角色活动的场所及叙述剧情的空间，它是一个广义的涉及范围较大的定义，是展开剧情、刻画角色、时空转换的单元空间，每一个空间场景均是构成动画片环境的基本要素，因而三维场景类型的范畴不同划分为不同类型。

1. 三维动画场景从故事题材的角度划分，可分为现实类、科幻类、历史类和结合类等；对于这类影片我们并不陌生，特别是科幻类比如《阿凡达》、《超人特工队》等都是科幻类型的经典之作。

2. 从动画场景的应用范围划分为影视特效类、虚拟漫游类、卡通动画类和游戏动画类等类型。影视特效类主要应用于电视电影特技场面效果，如《阿凡达》、《2012》等类影片场景的制作，要求最终效果逼真性、写实性较强，不惜动用大型先进设备，制作团队投资较大。虚拟漫游类多用于商业预览展示项目，如房地产漫游动画、奥运会场馆效果预览及大型歌舞剧效果的LED动画，模拟性较强主要展示其结构空间、布局规划等效果，对于效果的逼真程度要求较低，主要是概念的表达。卡通动画类多用于商业影片和短片创作及广告，在造型、剧情、色彩效果上追求一定程度的夸张变形，这类影片也是目前应用范围比较广泛的类型之一。游戏动画类主要应用于互动游戏和三维动画的制作，包括传统游戏及次时代游戏，场景建模要遵从程序人员设定的数据，程序人员对游戏的面的数量起支配作用。

3. 从动画场景的设计风格可分为北美风格、日韩风格、欧洲风格、中国传统风格等。北美风格：场景设计注重景深的华美效果，频繁使用复杂的运动长镜头，运动轨迹灵活多变，色彩大胆并吸收世界各地动画风格，主要指的是美国和加拿大地区动画。日韩风格：场景富有想象，精致唯美极富表现力的水彩效果，视觉上亲切、朴实，主要是指以宫崎骏为代表的动画作品。欧洲风格：场景设计简洁化和多样化，想象力丰富。中国传统风格：场景设计具有鲜明中国民族特色、内容丰富多彩、个性极强的动画片，将中国传统绘画中的散点透视法和色调感觉运用于其中，特别在水墨、留白、图案、书法等领域彰显中国传统动画风格特色。

4. 从动画场景的景别上可分室内景、室外景、室内外结合景三种类型。室内景主要是指角色造型所居住与活动的房屋建筑、交通工具的内部空间，通过观察其中陈设和空间布局以及色彩配置，可以大致判断出主人的身份、性格、爱好、经济收入、社会阶层、时代背景和地域环境等。室外景指建筑室内之外的一切自然和人工场景，室内外结合景通常是指室内景与室外景结合在一起的景观，室内外结合景是场景中常用的景别，也是在场景创建中难度较大的部分。

三维动画场景是剧情和角色活动的特定空间环境，是叙述故事主体所在的环境和地点、时代环境及历史时期的社会面貌和景象、人类的精神面貌和地域民族风俗风尚等，这些都是需要在场景类型风格设计中融入的元素。不同类型场景一般不是孤立分开而是经常结合在一起使用的，同时还要注意主要场景、次要场景以及场面调度与角色间的相互关系。

3.2.2.2　场景面数的设置

三维场景是一种立体虚拟现实，画面中每一帧运行都是依靠显卡和 CPU 实时计算出来的，因此如果制作过程中运算量过大，会导致运行速度急剧降低，甚至无法运行，场景中的模型数量太多会给后面的工序带来很多麻烦，如会增加渲染物体的数量和时间，降低整个项目制作速度等，所以动画场景制作过程一定要控制面数，减少面的数量相当于提高效率，在建立模型时，摄影机范围之外的地方不用建模，对于不可见的面也可以删除或隐藏，主要是为了提高贴图的利用率，降低整个场景的面数，以提高交互场景的运行速度，最后为了得到更好的效果与更高效的运行速度，在远处场景中可以用平面来替代复杂的模型，然后依靠贴图来模拟复杂的纹理，如远山、树木及远处纹理效果等。动画场景的类型及应用范围不同，模型面数要求也必然有所区别，参考不同的类型保持一定数量的面数，需要模型师在实践中不断探索研究（图 3-8）。

使用软件：PS、3DMAX　模型面数：2422　贴图数：1024*3
制作周期：8天　制作者：叶秀杰

图 3-8　场景（叶秀杰作品）

3.2.3 场景景别分类及贴图要求统一

　　三维动画作品在描述剧情中存在场面调度问题：一是人物调度，人物调度主要是视角镜头机位控制；另一种是镜头的调度，利用镜头的也就是客观视角帮助角色推进剧情。同一场景产生不同景别或不同场景产生同一景别，无论是人物调度还是镜头调度都涉及近景、中景、远景等场景景别问题。为了节约资源提高效率，面对不同的景别，贴图需要的质量也是不尽相同的，比如剧情中需要配合角色出现在极远处的场景，此时即使进行高质量的贴图绘制，在贴图的细节、纹理、凹凸、划痕等方面煞费苦心的制作，往往因为距离镜头较远一闪而过，无法看清细节而造成资源浪费，所以此刻只需要简单大概绘制贴图即可。相反距离镜头较近的近景或特写部分的贴图就需要精心刻画，因此在场景创建过程中要注意平衡景别、视角、贴图、运动等因素之间的关系。

3.2.3.1 近景贴图的统一

　　三维场景中近景就是距离镜头较近或需要侧重表现的部分，这部分是整个画面的重点，所以在使用贴图方面必须利用高清的或者是大分辨率的素材，最终渲染时在电脑承受的范围内尽可能地把细分调高：图像采样提高，分辨率提高，灯光细分提高，材质细分提高，出图质量提高，所有的细分包括阴影细分都提高，同时把贴图参数中的抗锯齿打开，才能最终达到近景与贴图效果的统一（图3-9）。

3.2.3.2 中远景贴图的统一

　　三维场景的中远景就是距离镜头较远或非重点表现的部分，这部分贴图在整个画面中属于从属地位，主要为营造画面整体气氛及角色性格服务，在贴图制作过程中，不需要像近景贴图精雕细刻，但在贴图的颜色、色块对比、远近层次以及透视空间方面注意节奏把握（图3-10）。

图3-9 近景场景（源自网络）

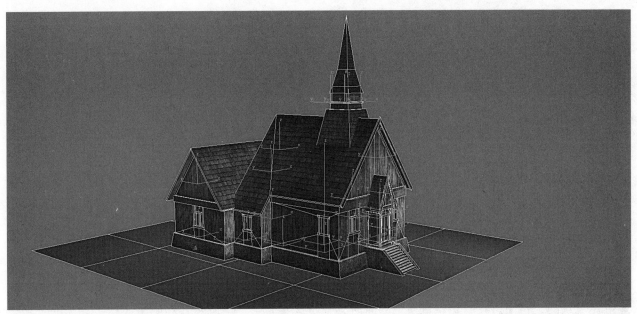

图 3-10 中远景场景（源自网络）

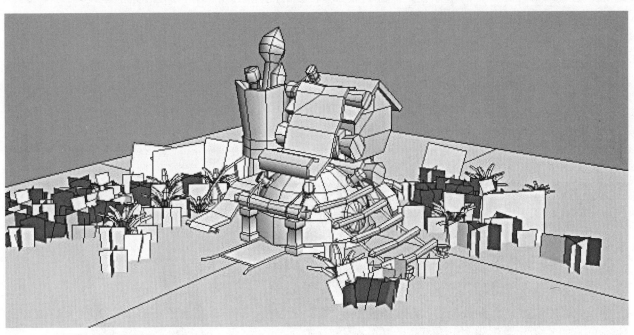

图 3-11 场景规划（源自网络）

三维动画初学者在局部贴图方面制作的相当成功，但是在整体近景、中景、远景贴图综合运用方面不尽人意，原因在于三维场景中不同景别并置于同一画面时，中远景贴图的色彩、明暗、透视大小及贴图纹理和近景的贴图产生矛盾，造成整体的色彩、大小、透视基调的凌乱。没有能够把握住景别和贴图的统一关系（图 3-11）。

实时训练题

1. 列出你所喜欢的三维动画场景，选择其中 1 ～ 2 个场景或镜头进行分析论述，论述内容围绕构图、比例、节奏等几个方面（1500 字以上）。

2. 自拟一个造型场景，按照 5000 个面，3000 个面，1000 个面的依次递减方式进行三维场景建模，主要体会模型面数和形体间的关系。

第 4 章　三维动画道具制作基础

4.1　三维动画道具风格设计原则

　　一部成功的三维动画影片是人物、动物、机械、道具和场景等数字图像化的再创造，成功的影片首先必须是角色塑造的成功，造型生动有趣、性格独特的动画角色是整部影片的灵魂，会长久地留在观众的记忆中。在成功塑造角色的同时具有统一道具风格造型特征的形象设计，会为整部影片的剧情推进和人物塑造起到画龙点睛的作用。道具是指非主要角色和主要场景的物体造型，道具就是动画作品中人物动作经常使用和陈列摆设的物件，一般分为陈设道具和贴身道具，所谓陈设就是场景中陈列、摆设的物体，例如桌椅、地毯、壁画、墙面装饰等非经常移动物品。贴身道具则

是指主要角色经常使用的物品，例如武器、交通工具、笔、眼镜、水杯等（图 4-1）。

　　道具是动画作品中不可忽略的一部分，它是一个独立的体系，但并不代表它就是孤立于动画作品其他部分而存在的，动画造型是一个完整的系统的工程，道具即是其中一个重要的参与单元，道具是与"动画场景和剧情人物"有关的一切物品的总称。一部影片是由角色造型设计、场景设计、道具设计等元素共同支撑。道具的设计不能和场景设计、人物造型设计分离开来，道具与整个影片的风格起到互为补充的作用。因此在影片道具风格设计上应该而且必须遵循相互联系，从造型到色彩、从整体到局部的艺术设计风格统一和谐的总原则。

图 4-1　场景道具陈列（源自网络）

图4-2　道具色彩统一（源自昵图网）

4.1.1　道具色彩的对比统一

　　动画道具风格统一其一是道具色彩应与动画的整体色彩风格相一致。道具风格统一的基本原则是色彩的对比统一，成功的道具色彩会给观众一个全新的视像感觉，从道具各角度给观众新鲜感。道具的色彩对比统一能塑造人物，影响观众，感受时空的转换，成为调动观众情感，辐射观众心灵，进行多重思维的艺术手段。色彩作为动画中重要的视觉元素之一，动画中的角色、场景和道具等方面的色彩运用，直接影响着角色的塑造、场景和情节气氛的渲染以及作品主题的刻画，所以在道具色彩搭配的方面就应该慎重，道具色彩应强调主题色彩的象征性，同时还应与环境色彩保持对比统一。因此无对比的色彩单调乏味，不统一的色彩设计风格会使整部片子在视觉节奏上产生不和谐感（图4-2）。

4.1.2　道具造型的对比统一

　　动画道具风格统一其二是道具造型应与动画的整体造型风格相一致，动画造型可以从写实风格、夸张风格、符号风格和装饰风格四个方面来分类，道具的造型设计应该随整体造型风格做出相应的匹配，所以在道具造型设计时候就应该从以下几个方面考虑到造型风格是否对比统一这个问题：

　　1. 道具造型应与角色造型风格保持对比统一，道具造型设计必须与角色相匹配，角色鲜明的个性在道具设计上也要有充分的体现。比如反面人

图4-3　道具角色统一（源自网络）

物和正面人物无论从服装还是兵器甚至座椅的造型上都截然不同（图4-3）。

　　2. 道具造型应与场景造型风格保持对比统一，道具造型除了匹配角色造型外，还要和整体场景造型风格相匹配，使道具和场景互为补充相得益彰（图4-4）。

图 4-4　道具配套（源自网络）

最后，整部影片道具本身造型类别上保持对比统一，道具本身的造型除了适应剧情需要外，还应该在大小、厚薄、长短、粗细上做到有秩序的构成变化，形成对比统一美感和秩序节奏美感（图 4-5）。

通常一部影片角色造型、场景造型与道具造型制作，是由不同的部门和不同的人员来完成。这需要在三维建模时就必须事先考虑好人物、场景、道具怎样保持风格上的对比统一。

4.2　三维动画道具材质设计原则

三维动画影片制作中道具在作品中起着举足轻重的作用，道具的造型元素不仅是环境造型的重要组成部分，也是场景设计的重要造型元素。

道具材质元素除了交代故事背景，推动情节发展，渲染影片气氛的作用外，它还与角色人物造型形象、气质、空间层次效果以及色调的构成密不可分。在中国书画界流行着"三分画，七分裱"的原理。同样在三维动画制作中也有所谓的"三分建模，七分材质"的原理。建模过程中由于受模型面数的局限，不可能把造型物体各种细节百分之百的完全制作刻画出来，物体表面的凹凸、锈斑、划痕、腐蚀等效果，可以在材质贴图中将需要的效果进行二次的艺术表达（图 4-6）。

无论哪种道具模型都需要在材质的立体感、质感、量感等基本元素上侧重表现。因为材质的这些颜色、纹理、重量等是道具表现构成中横亘不变的基本元素，也是材质动画师值得永远探讨的话题。

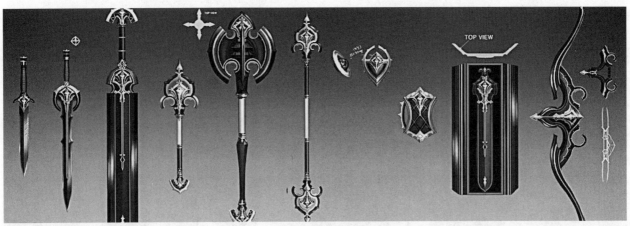

图 4-5　道具秩序美（源自网络）

图 4-6　道具细节效果（源自网络）

4.2.1　道具材质的质感

　　道具的质感表现从类别上可以划分为土石类、金属类、皮毛和竹木类等四大类型，准确刻画出道具材质的真实质感，需要由高光、亮部、明暗交界线、暗部、反光五大调子基础入手。同时注意不同材质表现和同一材质不同质感的刻画手法迥然不同，比如金属类材质共性高光质感较强，

明暗交界线明显反光清晰等需要仔细对比。同时对于道具材质的大小是使用 2048 乘以 2048 还是 512 乘以 512，是利用传统材质绘制手法还是利用次时代材质贴图手法等系列问题，都需要针对不同的目标制定对应的材质绘制方法。因此，要想从整体上把握道具材质的质感，就要从材质共性上——质感的颜色和表面的纹理两大方面来宏观把握（图 4-7）。

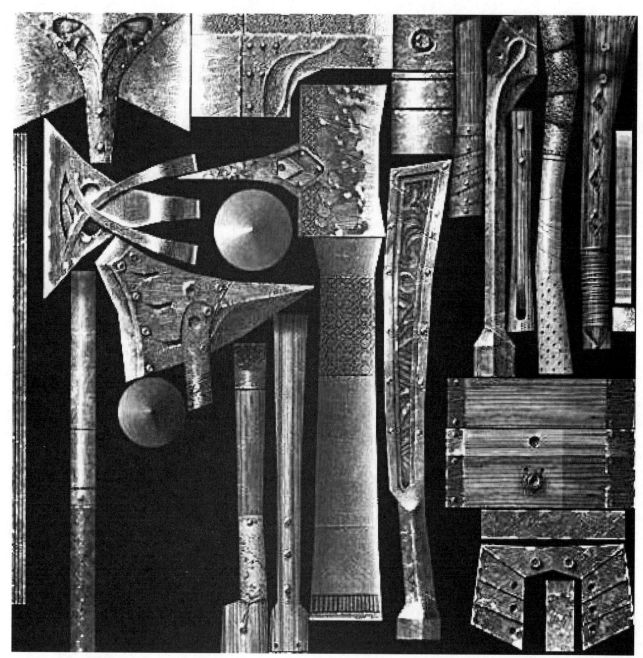

图 4-7　道具质感（源自网络）

4.2.1.1　颜色的表现

在制作动画项目之前首先要确认动画影片的风格，比如现代风格和中世纪的道具颜色表现是完全不同的，所以进行道具色彩定位前要了解影片的文化背景、自然环境、年代、宗教信息等。在道具色彩设计过程中，尽可能参照同时代的手写资料、拍摄的照片、文字的描述、考古数据等

相关资料，特别是要结合角色的性格、服装、色彩嗜好等，只有将这些背景资料熟练理解才能设计出合理的道具色彩（图 4-8）。

4.2.1.2　纹理的表现

道具材质纹理的表现是一个复杂的过程，根据高模、中模、低模不同精度模型，相应的在材质纹理的表现上依据模型差异，材质纹理的绘制

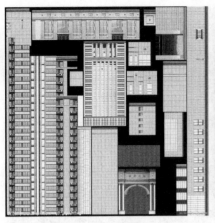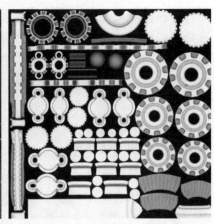

图 4-8　道具颜色（源自网络）

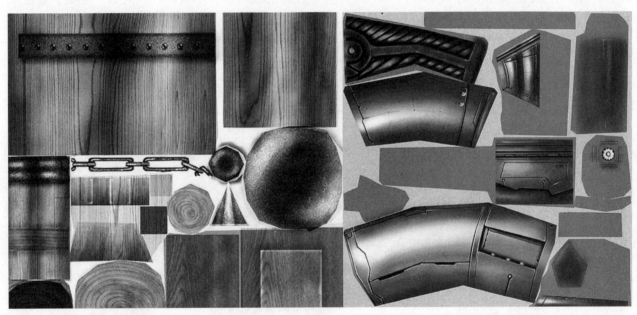

图 4-9　道具纹理（源自网络）

手法也不尽相同，根据道具的应用范畴，动画道具和游戏道具的绘制手法也各不相同，动画道具的材质纹理大部分需要制作真实的凹凸、置换等效果，然而游戏道具的材质纹理考虑到游戏交互式运行方式，在制作精度方面需要利用假贴图来模拟纹理。同时需要仔细观察现实世界真实物品的材质纹理，如残破金属（腐蚀金属），白金属（不锈钢）、银黄金属（天然金属）等，高光的强度、反射率、颜色饱和度和表面纹理都需要具体情况具体把握（图 4-9）。

4.2.2　道具材质的量感

量感，是指道具的重量感，不同重量的道具给人以不同的视觉感知，如一把铁锤和一根羽毛在我们的视觉中的重量是不同的，这就是量感。在材质表现中，量感与质感的表现是密切联系的。物体的量感和质感本应是触觉感知，但当物体作用于我们的视觉后，唤起了我们的感知经验或某种心理联想，而产生了视觉上的质感和量感。

道具材质量感的表达不是一种真实重量，而

是一种视觉联想的表达，这种量感是一种虚假的重量，量感无法像数字方式那样直观，它是无法直接表达的，需要借助道具的体积、形状、颜色、透明度、虚实、冷暖、空间透视、对比等方式进行烘托刻画。

4.2.2.1 形体的重量

道具材质的重量感的刻画很大方面要依靠形体的塑造，借助于外部的形状和结构体积感来共同塑造重量感，比如要为动画角色中制作一把武器，那么这件武器除了和角色性格相匹配外，还要在形状结构制作上更方硬些，避免柳叶形或流线型，便于强化它的重量（图4-10）。

4.2.2.2 颜色的重量

道具材质的重量感的刻画除了依靠形体体积

的塑造外，还需要利用道具本身色彩赋予的力量，色彩是一种情感的联想，相对于形体来讲色彩的联想空间更广阔，生活中利用色彩来增加或减轻物体重量的例子数不胜数，比如《魔比斯环》中的战车在色彩上很少使用亮色，原因在于重颜色相比较亮颜色显得更加沉重、更加稳健，这种颜色能诠释战车的威慑力。相比较对于比较沉重的集装箱或大编织袋，为了在心里联想上减轻视觉重量，常将其涂成亮色或较跳跃的色彩（图4-11）。

道具材质的重量感同样需要类似的色彩情感的赋予，在制作过程中表达类似的重量性的物体，比如三维动画片中装甲车、大炮一般赋予重色彩体现其重量感，而轻松搞笑类题材动画则赋予造型明亮欢快的色彩（图4-12）。

图4-10 道具重量（源自网络）

图 4-11　道具颜色（源自网络）

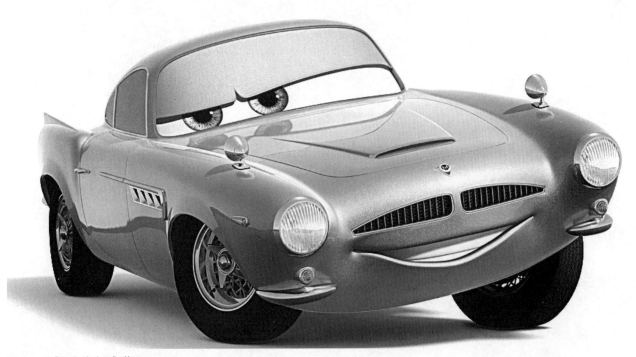

图 4-12　《汽车总动员》截图

思考题

1. 从你所了解的三维动画影片中对道具进行论述，论述内容围绕造型、质感、色彩、对比统一等几个方面进行详细论述（2000字以上）。

2. 选择影片中你所欣赏的道具，在三维软件中进行建模、材质模拟，最后和原图进行比较。

综合基础部分

第 5 章 三维动画综合制作基础

5.1 三维动画制作应用领域

法国作家居斯塔夫·福楼拜（Gustave·Flaubert，1821～1880 年）曾经说过："越往前走，艺术越要科学化，同时科学也要艺术化，两者在基底分手，最后又在顶端汇合。"三维动画作为新兴产业的一部分，逐渐得到了发展，而不单是一种纯粹影视领域的娱乐形式，更要注重艺术性和科学性的融汇结合，在表达一种意识形态文化底蕴的同时不能只停留在某一领域。随着新思维和新技术的发展，更应该走艺术性与科学性、娱乐性与实用性全面领域的发展道路。

三维动画之所以能够成为一门特殊的艺术，正是因为三维动画"虚拟现实"和"超时空运动"的特性，"运动"为三维动画的表现形式，"模拟"为三维动画内容和目的，"虚拟现实"为三维动画的精髓所在，随着社会化的大发展及人们审美的不断提高和挑剔，现在的各个领域产业不能仅仅停留在"平面屏幕"模式的年代了，将会以三维空间虚拟或全景环形屏幕的形式出现，在现实应用领域，三维动画通过多角度全方位地演示，将

产品功能以三维动画演示的形式直观、清晰、快速地展示给观众，使其一目了然。

三维动画是计算机图形和艺术相结合的产物，它给人们提供了一个充分展示个人想象力和艺术才能的新天地，三维动画因其 360 度立体模拟和四维时空转换的特殊性，现实领域中企业在展览演示、会议汇报、产品宣传、动态培训、网站维护等平台上生动展示自己产品，抢占市场先机，带来可观的收益。

目前，三维动画从简单的几何体模型，如一般产品展示、艺术品展示，到复杂的商业广告地产漫游，从动态交互如媒体动画、网络游戏，到复杂的现实拍摄、仿真动画、自然模拟等影视特效，从静态的模型如地理地貌展示、科研模型到复杂的动态医学研讨、航空模拟等科研航天。三维动画能给观赏者以身临其境的感觉，尤其适用于实施费用昂贵具有极大危险性或尚未实施的推理性项目，观者通过提前领略实施后的模拟结果，便于进行指导和评判。现在三维动画已经广泛应用于现实、虚拟世界的各个领域（图 5-1）。

图 5-1　三维应用领域（源自网络）

图 5-2　三维应用案例（源自火星官网）

5.1.1　影视特效动漫游戏

在影视创作过程中，拍摄现场对于一些具有危险的镜头，为了演员人身安全考虑，如演员从山崖上滚落或在火海中燃烧等镜头，不可能让演员亲自去模拟，就需要通过特效的方式代替。同时对一些高成本的电影，如需要制作山洪泥石冲毁村落或地震等效果，不可能利用实景拍摄，必须利用特效模拟自然灾害现象，同时减少电影的制作成本。

影视特效实际就是为达到最终预期效果，通过人为制造出来的假象和幻觉，被称为影视特效。电影《白蛇传奇》中利用实拍演员匹配三维虚拟翅膀进行轨迹追踪匹配，最终模拟出人像鸟一样在空中飞翔以假乱真的效果（图 5-2）。

电影《天安门》中，镜头开国大典时的毛主席是不同年代的素材特效处理合成的。先出场的彩色画面里的毛主席，是根据 1960 年的资料辛苦合成的，而后面黑白部分的毛主席是根据 1949 年的资料合成的。两段不同历史时期、不同色彩、不同角度的素材通过特效高级合成处理达到时空跨越。

动漫游戏是动画、漫画及游戏的综合统称，初期是由漫画和动画故事发展而成，现在将互动游戏也并入动漫中，使得漫画、动画的故事情节和完整的游戏互动产生共鸣，早期动画、漫画、游戏是分开的，现在随着三维技术的发展使得二维、三维相互渗透，形成二维镜头中具有三维空间，三维空间中借鉴二维技巧，比如《X 战警》就是由漫画改编而来的，三维动画的发展将故事、艺术、

图 5-3　《X 战警》海报（源自网络）

交互完美结合在一起。随着计算机在影视动漫特效领域的延伸和发展，三维动画技术弥补了影视、动画、游戏的边缘局限性（图 5-3）。

5.1.2　科研航天地理医学

三维动画因其自身的立体模拟特性，在科研航天医学实践中应用较为广泛。航天依据精确的科研数据，利用三维动画模拟航天员入仓、分离及太空行走路线的三维演示。军事上模拟水、陆、空的实战预演和集群效果，通过三维模拟来推进实战训练。地理上依据精确数据列表，通过三维模拟动画制作出地震、火山、洪水等自然灾害的

破坏过程及程度。煤矿生产模拟煤矿事故过程及化学爆炸过程等三维演示。医学上对一些比较枯燥、非直观的医学知识，如医药使用常识、医学解剖、手术案例等方面利用三维动画演示辅助教学，不仅节省时间而且更直观地把知识要点展现出来（图5-4）。

5.1.3　商业广告地产漫游

三维动画在商业广告地产漫游方面的应用最常见，动画模拟效果是商业广告普遍采用的一种表现方式，从技术的角度看，几乎都或多或少地用到了三维动画。商业广告中一些画面有的是纯三维或实拍和三维结合。在表现一些实拍无法完成的画面效果时，就要用到动画来完成或两者结合。随着三维动画时代的到来，商业广告的制作模式和思维理念将被重新定位。

地产漫游是随着现在三维模拟技术的提升而不断多元化发展的，从早期费时费力的手绘图到快速绚烂的静态电脑建筑效果图，从简单地产脚本创作到精良的模型，纯熟的剪辑、原创的音效，制作出小区浏览动画、楼盘漫游动画、三维样板间虚拟动画、地产工程投标动画等地产项目漫游效果（图5-5）。

三维动画技术将引领你进入一个真正的虚拟世界，将未来的数字设计理念以动态立体空间多元化的形式展现在客户面前，为广告的创意设计和建筑地产招标规划、销售等发挥得淋漓尽致。

三维动画除了在以上三个方面大规模地应用外，还在现实生活中的微观领域无孔不入。如展览演示——企业通过相关展会展示自己的产品，利用产品三维动画模拟，在短时间内让观众最大化地了解产品，通过这种营销手段，快速地吸引客户眼球；会议汇报——数据推理及机械类企业事业单位，通过工程动画制作和机械动画制作能直观地、快速地解释专业技术上晦涩的内容，采用三维动画制作直观明了，更利于理解，方便向上级汇报工作，节约了本部门及上级领导的时间和精力。

图5-4　三维科研模拟（源自网络）

图 5-5　三维地产模拟（源自网络）

5.2　三维动画综合制作流程

　　三维动画是近年来随着计算机软件硬件技术发展而产生的一种新兴技术，作为一种能够模拟真实世界的概念设计模式，伴随着其模拟性、真实性和可操作性等特点，无疑它将成为一个涉及范围很广的话题。三维动画所涉及的知识点非常繁多；包括模型、材质、灯光、摄像机、前期、后期等，并非动画师单打独斗所能完成的工作，需要众多不同部门共同协作来完成。三维动画本身具有技术复杂性和群体分工协作性特点，加上三维动画的制作流程又是一个繁琐工序，每一道工序又具有自己独特的思路，因此，三维动画的制作流程在行业上必然会形成流水线的加工模式。

　　三维动画项目作为一个系统工程，由一系列的工序组合而成，一般意义上，三维动画初期需要一个故事剧本，原画师根据剧本画出可供参考的二维角色和场景设计图，然后通过三维软件创建模型，建立好摄像机，并为每个需要做动画的物体加入动画，接着给模型赋予材质、灯光照明设置、成片渲染输出、导入到后期软件中剪辑组合镜头，同时加入需要的特效和音效，使之成为连贯完整的片子，最后输出完成片，一部动画影片才最终完成。

　　一个完整的商业类三维动画项目的制作流程总体上可分为前期制作、中期制作与后期合成三个部分。前期制作侧重于原画场景的设计，中期制作侧重三维模型、动画、材质的创建，后期合成侧重镜头的组合剪辑、校色、特效配音等。

5.2.1　三维动画前期原画创作

　　三维动画的前期创作又被称为美术设计创作或概念设计创作，一般是指在项目正式精确制作前，通过对剧本进行仔细分析揣摩，对动画片进行的规划与设计，主要包括：文学剧本创作、分镜头剧本创作、造型设计、场景设计。其中造型设计和场景设计属于前期原画创作。

　　前期原画创作职责是：根据分镜或设计稿

将合格的镜头影像绘制成线条稿或色彩稿，它是原画师对策划部门意图的图像结构的表达创作，是动画制作具体操作过程中最重要的部分。前期创作中最主要的工作是进行图形概念化设计，也就是原画创作，原画创作一般包括：造型创作（人物造型、动物造型、器物造型等）和场景创作。其中场景创作和角色创作（包括动物角色、人物角色）两大部分是原画创作的核心。

三维动画作为一门新型的产业，对三维动画的理解还停留在三维动画的制作阶段，对于三维动画前期创作重视度不够，认为三维动画不需要过多设计，只要将三维立体效果做好就可以，恰恰忽视了一部优秀的三维动画片不仅需要精良的三维制作技术，同时更需要富有内涵的前期美术创意理念和娴熟的前期原画创作。前期创作是一种隐性行为，不会像精美的画面效果一样直接表现在荧幕上，这种前期创作可能是一张线稿或一个具有三视图的造型色彩设计稿，甚至是仅仅用铅笔勾勒的草草几笔简单的造型表达（图5-6）。

前期原画创作的职责是按照文字剧本和导演意图，发挥想象力完成镜头中的动画造型，从各个角度绘制出符合要求的造型和色彩效果图，为中期三维部门进行立体空间建模提供参考。动画片前期花费大量时间设计创作或概念创作，目的

是为中后期的三维建模，表达导演的意图提供制作的蓝本，是一部动画片成功制作应遵循的主线，中后期的制作基本上都要依据前期的创作设计一步一步向后不断延伸拓宽。

目前一些动画制片人过分重视三维的作用，在中后期三维创作上耗费大量时间、金钱，反而忽略了最重要的前期设计创作，结果也制作出了绚丽多彩的效果，但是观看后整体感觉色彩丰富、制作精良、效果逼真，但没能挖掘出思想灵魂深处的东西，最终成为一部没有意义的技术片。

前期原画创作在一部动画片中，扮演着十分重要的角色。原画是每个角色动作、场景环境的主要设计者。一个合格原画师，不但要具有深厚绘画功底和表演才能，还要熟悉原画的基本创作流程：

1. 接受任务：原画组长接受策划或导演委派的角色原画创作任务，策划或导演主要是针对设计思路是否有偏差提出要求，成功角色原画创作需要以策划或导演的要求为蓝本，还原出他们意念中的设计构想。

2. 研讨论证：原画组长和美术指导共同分析策划任务书，统一原画设计思路和风格。原画组长主要是主持原画创作任务的分析和负责审核原画稿件，保证原画稿件具备审核资格，同时对其美术风格和美术表现力提出要求，监督原画制作流程的实施，负责查看原画文件的提交和备份实施情况。美术指导主要指导原画设计，参与设计任务的分析和负责审核原画稿件，经原画组长和美术指导统一思路后召集部门成员对策划案进行讨论、分析，最终确定原画的造型、色彩、材质的表现以及技术可行性。

3. 收集资料：原画师根据任务分析得出的对具体原画设计的初步构想，通过网络、书籍和写生参考等途径收集相关图片和文字资料。根据收集的资料绘制出基本的线稿，并标出基本色，根究资料和构想用草图的形式初步绘制多个角色的效果图（图5-7）。

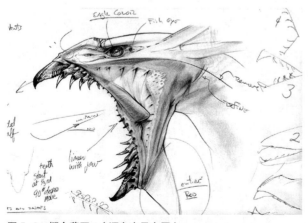

图5-6 概念草图1（源自火星官网）

图 5-7　概念草图 2（源自火星官网）

4. 原画完成：原画组长及美术指导召集相关人员，集体评审原画草稿并提出修改建议，这样通过反复几次或几十次讨论修改最终经原画组长审核通过。最后由原画组长备份并按照规定的规格大小提交两份文件交给中期三维创作部门，一份 JPG 格式文件，一份是具有分层模式的 PSD 格式文件。一个完整的原画创作才正式完成。

原画创作将剧本中抽象的想法形象化，将文字转化为直观的视觉效果，体现了原画师对剧本的理解和对文字图像化的表现力。原画创作的水平对一个影片的整体风格定位及画面表现都起到了决定性的作用，某种程度上原画创作的水准直接影响到整个影片的品质，前期原画创作应该在动画影片制作过程中处于引领位置，国外很多优秀的三维动画片，投资在前期创作上的时间和资金并不少于中后期，因此要充分认识动画前期设计创作工作意义及重要性。

综上所述，前期原画创作是一种细致复杂的艺术创作，又是一门技术性很强的特殊专业。作为前期原画创作的动画师不但要熟悉剧本，了解每个情节的细节特征和创作特点，还要和分镜、动作、三维、后期等几个部门取得良好的沟通，这样才能顺利完成创作过程，前期原画创作是整个动画片制作中的灵魂和主动脉，只要把握好这个主动脉，就已经为一部动画片的完成打下了坚实的基础。

同时一部完整的动画片的诞生，必须经过编剧、导演、分镜脚本、人物设计、动物设计、场景设计、物品设计等数道工序的合作才能制作完成。无论哪道工序都需要保持完整性的同时，又要起到承上启下桥梁的作用，因此一部动画片的完成正是各部门共同协作的集体智慧结晶。

5.2.1.1　场景原画创作

场景就是环境，指展开动画剧情单元场次的空间环境，是影片总体空间环境重要的组成部分，是动画前期的重要环节。场景原画创作是动画创作中最重要的场次和空间造型元素，场景原画创作是整个动画创作中的重要组成部分，场景原画创作的风格和水平直接影响着整部作品的艺术风格和水平。场景创作是整个动画片中景物和环境的来源，它的主要功能是起衬托作用，渲染和营造故事所需要的环境、气氛。场景在一部动画片的地位大多是处在第二视觉层次从属地位，随着三维影片剧情化的发展，场景的从属地位急剧改变已成为镜头里不可或缺的重要叙事载体，甚至已经成了另一种意义上的"角色"。如《冰河世纪》中冰河期一望无垠的洁白冰川已成为整部影片一道不可或缺的风景线，假如去掉了洁白的冰川，仅几个皮毛动物效果将完全不同（图 5-8）。

图5-8　选自影片《冰河世纪》

（a）二维场景

（b）三维场景

图5-9　月光林地橡树之门场景（陆惟作品）

　　场景原画创作是一部动画影片制作流程中重要组成部分，策划部门把整理后剧本交到原画设计部门，原画部门则根据剧本或分镜脚本，加上较为详尽的文字描述，通过自己的理解和创作，来设计场景空间造型等，在此阶段，原画需要不断和策划、三维、美术指导之间沟通交流，完成后交由部门组长或美术指导审核通过后，转到中期阶段交由三维部门进行建模、材质加灯光等（图5-9）。

场景原画创作是"骨骼"，三维建模是附生在骨骼上面的"肌肉"。场景原画创作思维是一种动画思维和美术设计的混合体，场景原画创作是动画特殊规律和独特的思维视觉形象空间体，同时兼顾美学思维及"动与静"的空间关系形象思维创作，是集视觉、功能、思维三位一体的造型设计体。

1. 场景原画创作原则

场景创作需要的不仅仅是绘画表达，首先要熟读剧本，明确故事情节的起伏及故事的发展脉络，深刻了解剧情所处的时代、地域、个性及人物的生活环境，分清主要场景与次要场景关系。搜集符合剧情的相关素材与资料，利用一切可利用的素材、资料，从整体上把这些综合材料迅速转化为视觉物体，在创作理念注意以下几个原则：

1）确定场景创作风格：风格在很多情况下是由策划决定，美术发挥。场景风格一般由故事（情节）、角色（人物）、场景（环境）三大要素组成，大体风格可分为写实、夸张、科幻、漫画、梦幻、写意、装饰、色彩等。一个优秀的场景设计师，确定场景风格时，必须先参考策划和美术两者的要求，依据对剧本的理解和经验积累，对场景风格宏观的把握。

2）确定场景创作的基本要素：一是距离大小，从尺度上确定策划需要的基本感觉，包括平面距离感、纵深距离感、垂直高度感，场景中主次物体的大小对比、距离远近等宏观因素；二是季节气候设置，剧情要求是什么气候，冬季还是夏季？是否需要沙漠雨雪？这些一般策划会给予明确的界定，如若不明确就需要原画师根据剧本揣摩把

握了；三是道具设置，大小距离确定了以后，就需要确定各个区域放置什么，这个位置是村庄还是河流，前景、中景、近景各由什么物体来组成，哪个是主要景别等类似要素，都需要在这个步骤中给予明确（图 5-10）。

3）确定严谨的设计创作图：严谨的场景原画创作应包括平面图、三视图、结构分解图、气氛图等，一般根据复杂程度通常用其中的一部分来完成，对于较简单的场景设计，可能只需要基本的三视图和气氛图就可以了，但是对于较复杂的场景需要进行整体结构分解，将各个部分单独画出三视图（顶视图、正视图、侧视图）或多视图（顶视图、底视图、正视图、两侧视图）（图 5-11）。

2. 场景原画创作过程

场景原画创作除了作为影片的重要组成部分外，其本身创作也是一个复杂的过程，确切地说是一个文字图形化过程，三维场景原画和二维场景原画不同，二维场景一般作为背景直接出现在荧幕上和观众直接见面，所以需要制作精良，绘制精美逼真。然而，三维场景原画并不需要处处刻画的十分逼真精美，它主要是为三维部门的立体建模提供结构和色彩上的制作依据，是一种宏观上的概念创作，它是为三维部门服务的，最终不会直接出现荧幕上，但是它通过三维部门施加建模材质灯光后以立体的形式出现，中期三维部门通过三维立体建模，将前期的场景创作理念结构进行表达，场景原画需要表达的是概念化的结构，包括基本构图、造型、明暗、色彩、景别等，无需精雕细刻，因此只需在创作步骤上要体现概念化的过程（图 5-12）。

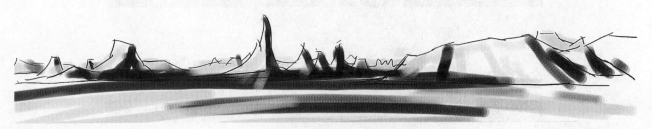

图 5-10　场景初步绘制（肖常庆作品）

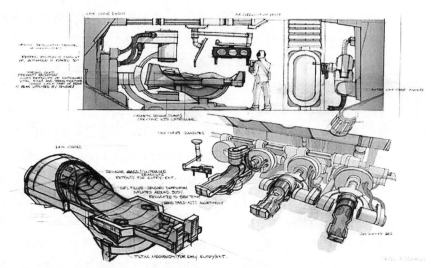

图 5-11　场景视图（源自火星官网）

图 5-12　场景绘制步骤图解（肖常庆作品）

场景原画创作的虚拟世界是建立在真实世界的基础之上，进行综合剪接组合、夸张再造的过程。创作高于生活也源于生活，要想成为一名优秀的原画设计师需要善于观察生活、积极地寻找创作灵感，学会从多视角、多角度观察，善于发现生活中的美，很多现实的元素很有可能成为下一个创作项目的源泉和灵感的出发点。

5.2.1.2　角色原画创作

电影中有角色，故事中也有角色，因此角色在动画中也是不可回避的话题，优秀的动画片凭借夸张、幽默、机智的性格特征角色造型，赢得各个年龄层观众的喜爱，创造巨大的商业价值，比如《冰河世纪》中树懒——希德，幽默、滑稽的形象设计深入人心，已成为这部影片的众多角色中的一大亮点（图 5-13）。

角色造型设计与合理的场景设计及其他美术设计元素共同铸造出一部优秀的动画影片，很多年以后观众可能渐渐忘记了当初的剧情，但仍然能清晰地记起影片中角色的造型及风格，可见角色造型在整部影片架构中起到决定性的作用，因此，怎样创作出深入人心的角色造型，已成为动画片创作中需要不断发展和创新的话题。

"角色"顾名思义是指一部动画片中的表演者，在各种类型的动画影片创作环节中，角色造型是整个影片的前提和基础，它主导着整个动画片的情节、风格、趋势等，角色造型设计不仅是整部影片创作的基础和前提，而且决定了影片的艺术风格和艺术质量，进而影响影片的制作成本与周期，甚至很大程度上决定着影片的成败。因此怎样设计一款经典的角色造型，就将角色原画创作

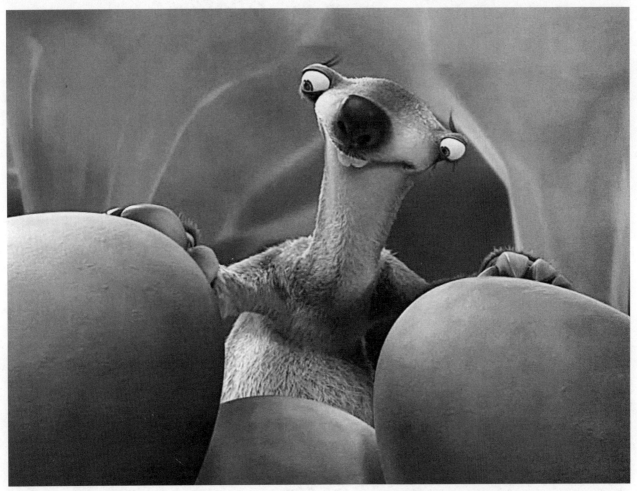

图 5-13　选自影片《冰河世纪》

提高到整个创作流程的首要位置。

动画影片中角色主要包括人物角色和动物角色，角色设计的作用类似于场景创作，主要是通过手绘形式将文字剧本，转化为人物或动物结构造型效果图，审核通过后作为三维部门建模、材质、灯光的主要依据。

1. 角色原画创作思路

作为一名合格的角色原画师你必须拥有全面的技法和一些基本的知识。一个成功的角色创作一方面表现在绘制技巧上，另一方面表现在创作理念上。创作理念方面需要独特的见解和成熟的思维模式，绘制技巧方面需要拥有人体解剖学、造型结构，色彩构图等理论知识和表达能力，因此，在创作技巧上需要理清思路。

1）草图绘制

一般先画出简单的速写草图，通过绘制大量设计草稿，目的就是摈弃细节考虑，拓展自己的思维产生尽可能多的想法。通过综合对比相互借鉴，最后会产生一些意想不到的创意，这是角色创作的第一步（图5-14）。

图5-14 草图绘制1（源自网络）

2）类型划分

通过利用类似的外形或颜色来创作属于同一风格类型的角色，省略细节的刻画，从整体上来塑造这个角色是属于哪一类的，比如属于人类还是兽族，属于写实还是夸张等（图 5-15）。

3）细节刻画，在整体外形上确立后，进行大小比例的变化，添加道具服饰，比如武器、盔甲、风衣等配饰，通过造型动作或配饰表情彰显角色性格特征。最后，添加色彩并处理明暗关系，渲染出角色的真实性，同时将图案、标志、服装颜色等配饰，与角色性格进行统一关联，强化角色感染力（图 5-16）。

图 5-15　草图绘制 2（源自网络）

图 5-16 整体刻画（源自网络）

2.角色原画创作过程

角色原画的创作用途主要有两种：直接使用和间接使用。直接使用一般在动画场景中较多，比如作为整个画面的动画背景使用，但角色原画直接使用一般作为海报宣传或媒体包装，它要求绘制仔细，画面细腻，细节生动整体感强，而且从绘制开始就需要考虑到最后的使用范围（图5-17）。

图 5-17　细腻原画创作过程（肖川作品）

　　另一种间接使用的角色原画，它仅作为中期建模的参考依据，需要表达的是一种概念形象设计，因此在创作过程中可以随意些，只要将需要表达的要素展现出来即可，比如造型、结构、色彩等（图5-18）。

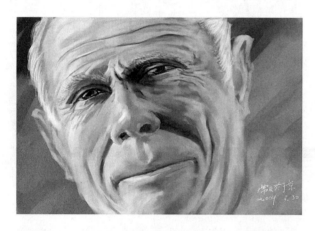

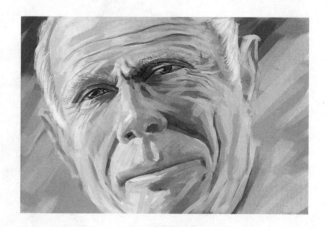

图5-18　概念原画创作过程（肖常庆作品）

5.2.2　三维动画中期制作

经过前期一系列结构图、气氛图的原画创作后，经审核将合格的原画创作稿交到中期制作部门，中期部门主要是将概念设计结构图或气氛图进行三维虚拟立体化过程，一般包括建模、材质、灯光、动画、摄影机、渲染等。这个过程主要是通过计算机三维软件操作完成，是三维动画的核心制作部分，就整个动画制作过程而言，前期部门侧重的是设计创意，中期部门侧重的是制作，是对创意思维的立体化实现过程。中期制作过程大致包括以下几个步骤：

1. 三维建模：包括角色建模、场景建模、道

具物品建模，主要是根据前期原画创作以及客户、监制、导演等综合意见，在三维软件中进行模型的三维立体制作，将前期原画二维结构图转化为三维立体虚拟体，最终生成动画成片中的全部"演员"或故事情节的载体（图 5-19）。

2. 材质贴图：主要是根据前期指定的色彩纹理以及客户、监制、导演等的综合意见，对三维单色模型（一般称为白模）进行色彩、贴图、纹理、质感等外观效果的设定工作，它是动画制作流程中的必不可少的重要环节，材质贴图被赋予模型表面，是给予观众的第一视觉印象，也是整个动画制作流程中最容易成功和出问题的环节，因此，这个步骤的成败势必关系到整个作品的质量（图 5-20）。

图 5-19　场景模型（源自网络）

图 5-20　材质贴图后场景（源自网络）

3. 动画骨骼蒙皮：主要是根据剧情需要，对三维中需要做动画的模型（一般是人物或动物）进行一些骨骼结构搭建、动作动画 K 帧、骨骼绑定及蒙皮等相关设置，为整个作品提供动作动画方案（图 5-21）。

4. 灯光设置：主要根据前期原画创作的色彩基调、风格定位，由灯光师对动画场景进行整体照明、局部刻画、阴影模糊等细致的描绘，最后结合贴图材质进行综合调节，把握每个镜头的气氛渲染（图 5-22）。

三维动画中期制作包括建模、材质、骨骼蒙皮、灯光渲染等多个模块，每一个模块又有自己独特的创作技巧，因为个人时间精力有限，在各个环节都做到深入研究可能性不大。三维动画是需要团队协作共同完成，每个人仅负责一个模块，比如专门负责灯光、专门负责毛发、专门负责材质等。建议同学们在学习三维中期制作期间，最好先进行全面系统的学习，然后找到自己最擅长和最感兴趣的一个模块，比如骨骼或材质进行深入研究，做到既全面掌握的同时又做到局部开花，眉毛胡子一把抓的学习方法绝不可取，这才是学习三维动画的正确途径。

5.2.2.1　三维角色制作

三维角色制作就是利用三维软件进行虚拟角色造型的创建编辑过程，这个角色可以是人物类、动物类、变形卡通类或魔幻类等，动画师根据剧

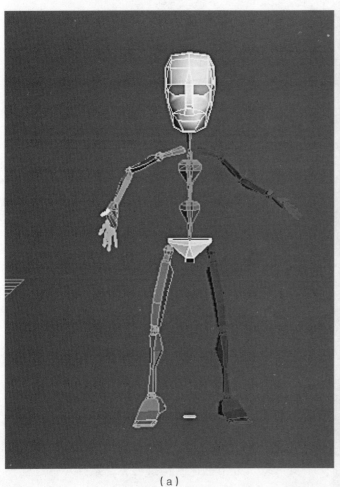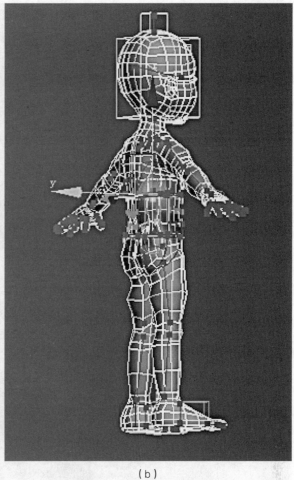

（a）　　　　　　　　　　　　　　　　　　　　　　（b）

图 5-21　骨骼蒙皮（肖常庆作品）

图 5-22　选自影片《冰河世纪》

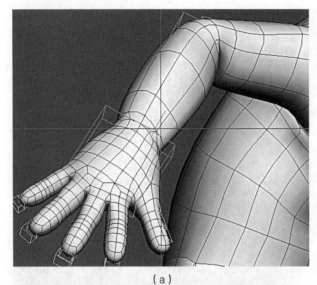

（a）

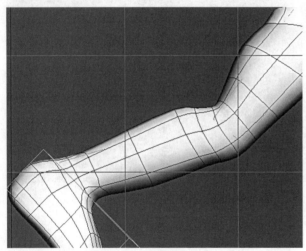

（b）

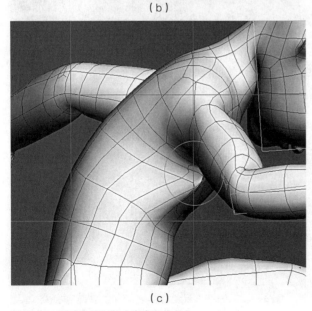

（c）

图5-23 肌肉变形图解（肖常庆作品）

本了解角色的体貌特征、性格特征，主要参考前期的角色原画创作稿，通过三维建模软件在计算机中创建出角色模型。这是三维动画中较繁琐的一项工作，主要工作重点是"建模"，将需要出场的角色进行有的放矢的科学布线。"有的放矢"就是根据使用目的不同进行高模、中模、低模等不同类别的模型创建。角色是一部动画影片主角和剧情的表演者，是一部影片的灵魂寄托所在，因此三维角色的制作除了具有娴熟的软件操作技能，还需要深厚的美术功底及美学素养。需要注意以下角色建模技巧：

1. 角色建模不同于建筑场景，场景一般主要以静态造型出现在画面中，角色恰恰不同，它是整部影片故事情节的主要载体，必然需要进行各种形体造型，肌肉产生拉伸、扭曲、位移、挤压变形等多种造型，肌肉在拉伸变形时必须依据角色形体结构走向来布线，才能保证后面蒙皮及骨骼动画的合理性，如图5-23（a），图5-23（b）。否则不合理的模型布线会导致肌肉的变形错误，如图5-23（c）。

2. 三维角色在制作技巧上与素描写生过程较类似，首先，在三维软件中塑造出角色的大体轮廓，然后从整体到局部的去细化，先把主要部位的外形拉出来，再逐渐地从整体上去细化模型，每一次细化就是将模型从整体上进行有秩序的深入（图5-24）。

3. 在角色模型的结构方面需要科学布线，科学布线主要是指建模过程中依据使用范围不同，对角色的结构和面数进行科学合理的布线，在布线方面尽量采用用四边面，特别在关节处，如大腿根部、肘部、膝部，四边面的优点是在光滑之后形成四个四边面。这种布线方式对后面的动画帮助很大，特别是涉及关节处蒙皮挤压变形效果。尽可能减少三角面或五边面的出现率，这种类型的形状光滑后会形成三个或五个四边面，影响后面动画的准确性，当然造型中不可避免的出现类似的三角面，解决的方法是尽可能使这类形状避开运动关键部位，如关节点、肌肉结构处等。

图 5-24　三维建模过程图解（肖常庆作品）

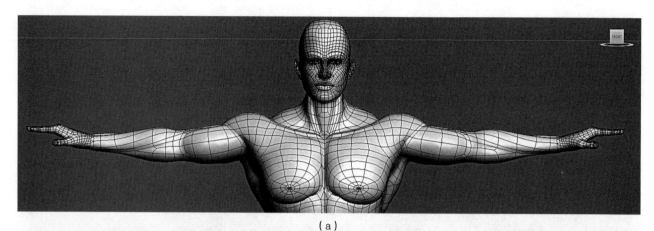

(a)

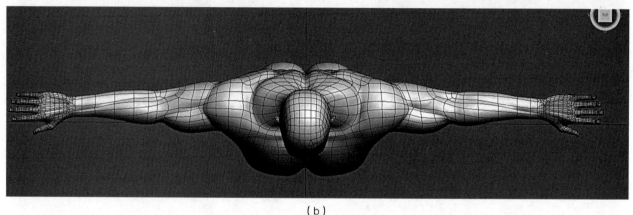

(b)

图 5-25　三维布线与结构（肖常庆作品）

对于五边形面必须避免，解决方法是加线分割成四边面和三角面。布线过程中，注意不要单独把一个部位做得很细再去做下一个部位，这样容易造成局部比较精细，可是组合到一起，有可能造成衔接处及外形比例上偏差较大（图 5-25）。

　　三维角色建模通常使用 3D Max、Softimage 3D、Maya 等软件，这些主流的三维软件包含着各自核心的建模方法，一般主要分为多边形建模和样条曲线建模，多边形建模是把复杂的模型，用大小数量不等的四边面或三角面（四边面常用于动画，三角面常用于游戏）组接在一起，这种建模方式较常用。样条曲线建模是用样条曲线方式生成光滑的曲面，特性是过渡平滑，产生皱纹较少，适合有机物体或角色的建模。

5.2.2.2　三维场景制作

　　动画创作中，三维场景主要体现了剧情中的场面。场景造型制作的质量对整部动画的画面、设计风格、氛围烘托及剧情发展等都有很大的影响。场景造型不但影响着整个剧情和角色的描写，还影响着动画的视觉心理效果，一部成功的三维动画片，三维场景的制作效果在其中发挥着不可替代的作用，合理的场景制作配合适当的音效，能营造气氛，使快乐的气氛更加快乐，恐怖的气氛更加恐怖。最终在角色和场景的共同作用下使观众随着剧情的发展而转变自己的情绪。

　　三维场景的制作和角色制作过程类似，在三维软件中进行虚拟场景创建并不是随意的，它需要依据前期场景的原画结构图和气氛图通过三维软件进行立体制作，三维场景的制作过程是将大量的富有丰富想象力的创意思维和逼真的立体的三维虚拟空间体有机地结合起来，三维场景制作技术能实现一些传统二维场景无法实现的艺术效果，使平面立体化，画面更形象逼真（图 5-26）。

图 5-26 选自影片《功夫熊猫》

创作时要注意以下场景制作要素：

1. 在场景制作取材方面：一般分为直接取材和间接取材，直接取材主要是根据场景的造型特征在现实生活中找到相近或类似的场景地点，建模师进行实地考察并现场写生，回到公司后根据写生现场的感受和场景制作的需要进行综合创作。间接取材较为常见，主要是从照片和电影中汲取素材的习惯。通过国内外相关的参考资料搜集线索，最后通过这些资料的造型、色彩创意等因素激发自己的创作思维和造型创作。

2. 在场景制作理念上：三维场景的表现要符合故事历史背景、历史文化、故事发生的地域特征，与故事人物的形象设计等相互配合。特定的故事要发生在特定的时空背景中，特定的时空背景需要特定动画场景来烘托，一个场景是为主题服务的，即使很新颖逼真的场景如果不能为烘托主题服务，将没有任何意义，只能成为剧情的累赘。不要为了制作而制作、为了效果而效果。

3. 在场景制作技巧上：三维场景的制作经常是分工合作完成的，部门组长会依据个人情况进行分工，比如张某负责金刚大殿，王某负责茶楼或禅房等，最后将各个不同场景输出到一起组成一条街道或寺院，因此比例尺寸等问题首先要解决，只有这个步骤统一后才能进行后面的制作，

三维场景渲染气氛的同时也是角色活动的主要场所，所以依据剧情一般情况下要求具有一定的编排方式和空间布局，便于角色的活动和摄影的运动。

4. 在场景面数设置上：无论是动画场景、游戏场景还是建筑漫游场景，对场景的布线和面数都是有一定要求的，比如金刚大殿整体面数不能超过 10000 个、咖啡厅不能超过 5000 个等，因此在保证塑造出场景造型的前提下尽可能地节约面数减少计算机的运算量，同时布线的方式和形状会对后面的动画和贴图产生影响，所以在布线方面尽可能均匀布线便于动画变形，尽量使用四边面，减少三角形和五边形，三角形五边形在材质贴图中容易产生斑点和不平滑效果，最后还要注意场景物体间的大小、高矮、粗细的对比统一（图 5-27）。

场景造型是一部动画影片作品构成中的重要组成部分，好的三维场景制作效果可以强化影片剧情、渲染主题，可以提升动画影片的美感，能直接影响整部作品的艺术风格和艺术水平。随着设备和技术的不断进步，场景的效果越来越精美，但是观众的审美水平也在不断提升而且更加的挑剔，这就要求我们在其制作过程中更多地从观众的角度出发，以一种挑剔的眼光去完成自己的作品。

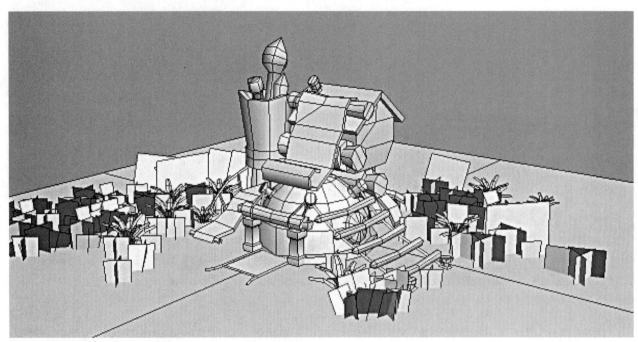

图 5-27　场景结构布局（源自网络）

5.2.2.3　三维材质贴图制作

一部完整的三维动画片应具有形、色、声、画四位一体的特征。"形"指的是动画中的各种造型，包括人物、场景、道具等造型体。"声"指的是动画中的各种音乐音效的统称。"画"指的是整体的画面构成效果——动态构成，这种构成依托设计中的三大构成（平面构成、色彩构成、立体构成）原理。"色"指的是动画中各种颜色的综合基调，这种颜色基调除了后期校色调整外，主要由画面中各种造型的色彩、纹理、质感、图案等表面材质贴图效果构成，也就是常说的材质贴图。

在三维软件中进行一系列的建模，得到了完整的模型效果图，但是出现在我们面前的仅仅是一堆物体的单色造型，需要对这些单色模型进行材质和贴图的赋予。建模是通过造型给观众以形状的定位，并从理性层次打动观众，材质贴图通过纹理色彩给观众视觉感受的同时从感性层面去感染观众，材质贴图是材料质感和表面图案的结合体，通过色彩、纹理、光滑度、透明度、反射率、折射率、发光度等综合作用于我们的眼睛，同时通过眼睛传达给大脑使之产生视觉和心理上的共鸣（图 5-28）。

三维材质贴图是动画制作流程中的重点环节，材质即材料的质地，就是把模型赋予生动的表面特性，具体体现在物体的颜色、透明度、反光度、反光强度、自发光及粗糙程度等特性上——是本身质地的再现。

材质的效果体现主要通过调节软件本身的程序纹理参数，通过程序相关内部参数调节比如偏移、噪波、凹凸等，生成物体本身真实的材质属性。贴图是指把二维平面图片通过相关的方式贴到三维立体模型上，形成表面细节和图案——是虚假的表面效果。对具体的图片要贴到特定的位置，三维软件使用了特定的贴图坐标概念。在项目制作中材质和贴图一般不会严格分割开经常同时使用，常用于动画或特效电影镜头（图 5-29）。

贴图效果的体现主要通过二维平面绘制结合程序调节，首先在三维软件输出编排好的 UV，再通过第二方软件比如 Photoshop 或 Bodypaint 等专业贴图绘制软件，依据 UV 进行平面绘制，最后将绘制完整的颜色纹理贴图导回三维软件，经过贴图坐标转换赋予三维物体（图 5-30）。

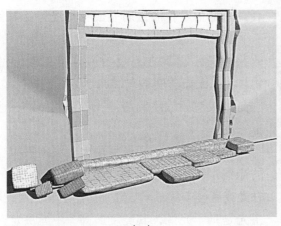
（a）

（b）

图 5-28　模型贴图（肖常庆作品）

图 5-29　影片《2012》场景制作（选自论文《影视特效的绘画重构》）

图 5-30　影片《剪刀手》场景（选自论文《影视特效的绘画重构》）

三维动画效果除了受本身材质贴图的调节绘制技巧制约之外，还受到灯光照明、UV展开编排、最后输出渲染等因素的影响，因此三维材质贴图的制作是一个复杂而严谨的过程，它需要宏观把握多种综合因素影响。

5.2.2.4 三维灯光制作

光作为自然界的产物，它像一个神奇的魔法师，把世界变得缤纷绚丽，从万物生长到生命轮回，大千世界中我们处处离不开光的恩惠。同样在三维虚拟世界中灯光也是必不可少的元素。灯光是三维动画中极其重要的部分，也是三维动画中关键环节，三维空间中物体的材质、贴图纹理、照明阴影等都需要利用灯光来体现。"无光即无色，无照明即无剧情"，可以说灯光的好坏直接影响整部动画片的质量，不同的光束变化配合不同的色彩会产生相异的心理感受，灰暗的灯光使人产生沉闷的效果，亮丽的灯光使人产生欢快晴朗的心理，能给观者带来愉悦（图5-31）。

在三维动画世界中灯光除了模拟现实照明之外，它还是表现材质贴图的关键因素，造型材质的纹理质感主要通过光的反射和折射，这个材质并不是指渲染图像的质量或者光线追踪的正确与否，而是指是否能自动完成与光线的反射和折射有关的所有效果，比如常见的透明物体的焦散效果，通常出现在高反射和高折射属性的透明物体上，比如透明的玻璃球、钻石翡翠、水面等，它是高级渲染程序利用灯光参数调节的一个重要标志。

在三维动画中灯光师最大限度地模拟自然界的光线类型和人工光线类型，利用主光、辅光、补光或者说主灯、辅灯和补灯。主光应用技巧是：主光是基本光源，其亮度最高，主光决定光线的方向，角色的阴影主要由主灯产生，通常放在正面的3/4处，即角色正面左边或右面45度处。辅光应用技巧是：辅光的作用是柔和主光产生的阴影，弱化明暗区域对比，常放置在靠近摄影机的位置。补光应用技巧是：补光的作用是加强主体角色及显现其轮廓，使主体角色从背景中凸显出来，通常放置在背面的3/4处，和主光成直线状态，通常补光强度极弱（图5-32）。

三维虚拟灯光的运用不要死板遵照参数值，场景的比例大小、物体材质的固有色、摄影机的参数、渲染器的设置等都会对灯光的效果产生极大的影响，灯光类型并不是越多越好，最主要是

图5-31　选自影片《冰河世纪》

图 5-32 选自影片《功夫熊猫》

了解灯光是为一定主题服务的，不烘托主题的灯光毫无意义。学习灯光的方法是多留意现实世界的光影效果，借鉴优秀的摄影作品对灯光的运用，同时加强对素描色彩等美术基本功和审美素养的学习。

5.2.2.5 三维骨骼绑定制作

一个完整的静态模型制作完成后就需要进行骨骼绑定，骨骼绑定分为自动绑定和手动绑定两种形式，自动绑定是指三维软件依据二足角色、四足常见动物等自动设置好骨骼绑定系统的程序文件，制作过程中只需要调用即可，自动绑定较为快捷简单，但对于特殊动作还需附加手动绑定。手动绑定是指骨骼的搭建主要依靠一段段骨骼人工装配并赋予正反向动力学关系，手动绑定较为复杂但灵活度较好，目前大多数骨骼绑定师还是喜欢使用手动绑定（图 5-33）。

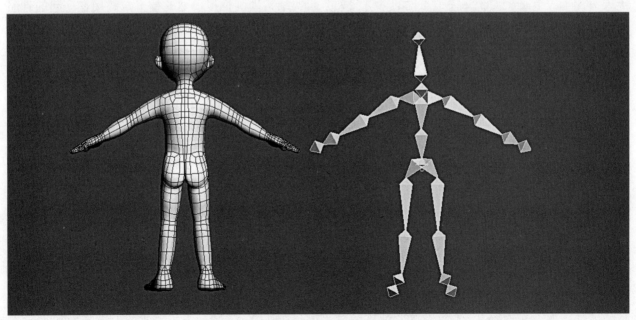

（a）手动绑定

图 5-33 骨骼类型（肖常庆作品）

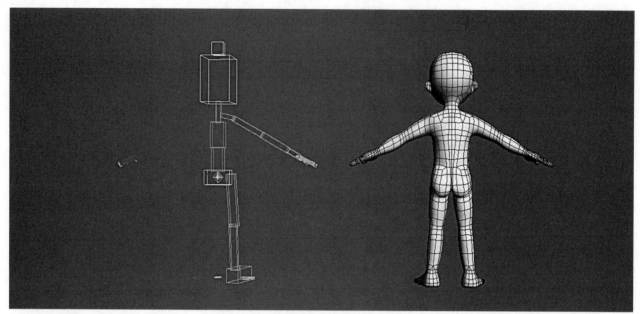

（b）自动绑定

图 5-33　骨骼类型（肖常庆作品）（续）

骨骼动画原理和绝大部分动画原理一致，通过一定的模式将不同的骨骼链接到一起，骨骼之间带有正向或反向父子联动的动力学关系，关节分为父关节和子关节。其父关节会对子关节产生联动影响，父关节的旋转和平移会影响计算当前关节的新位置。简而言之，父关节可以有许多子关节。子关节是相对于父关节来说的，对父关节做的任何动作都会渗透到子关节，父关节对子关节具有决定作用，子关节对父关节具有连带作用。

在骨骼绑定过程中还要进行骨骼模型匹配，匹配的原理就是将模型和骨骼进行高度、宽度、厚度的精确对齐，简单地讲，就是骨（骨骼）和肉（模型）的关系。操作方法是：首先将创建好的角色模型放于四视图，利用三维软件的骨骼系统和模型进行匹配，需要在顶视图、前视图、侧视图进行全方位匹配，保证骨骼包含在模型中间，尽量不进行裸露，特别是整体高度、关节处等关键部位一定精确匹配，否则做完动画后再修改就相当麻烦了。骨骼绑定是下一步进行骨骼动作动画的关键步骤，骨骼绑定质量的好坏直接影响后面动作动画的调节（图 5-34）。

5.2.2.6　三维骨骼动画蒙皮制作

近年来许多动画及游戏公司都选择使用一种名为骨骼动画的技术。骨骼动画的实现思路是依据人体的运动规律而来开发，骨骼动画（Skeletal Animation）又叫"Bone Animation"，骨骼动画是一种允许动画师借助名为骨骼或链接的节点层次结构动画模拟模型的技术。链接在一起的骨骼或链接而形成的层次结构就构成了骨架。这些骨架与模型连接在一起，可以制作出真实的动画模拟。相比较关键帧动画，骨骼动画不像关键帧动画那样需要存储每一帧中各个顶点的数据，而是只需要存储每一帧的骨骼，骨骼动画也有关键帧。关键帧的作用是定位一个模型位置的瞬时状态，骨骼动画的关键帧包含了旋转和位移的变换信息，一般以 X、Y、Z 坐标轴的形式出现，所以骨骼动画有很多优势。

1. 骨骼动画流程

骨骼动画的操作一般是利用上一环节已经进行完整绑定和匹配的静态骨骼，在软件中进行骨骼动作的调节，并将这些调好的动作进行关键帧的动画设置，比如人物走路动作每秒 24 帧为一个完整循环，12 帧为一个半循环，将第 1 帧镜像复

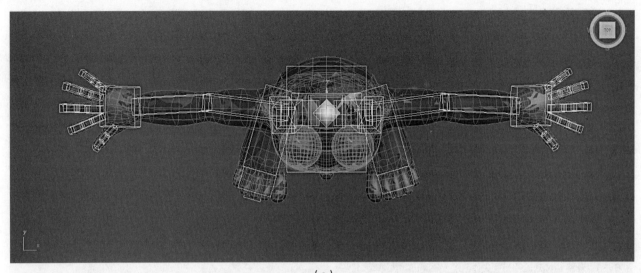

（a）

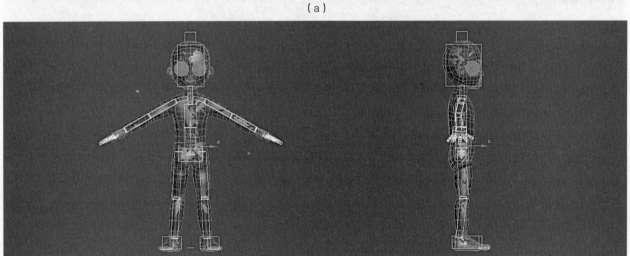

（b）

图 5-34　骨骼匹配（肖常庆作品）

制给 12 帧，将 12 帧再镜像复制给 24 帧，完成一个动作的循环，同时对第 3 帧、第 6 帧、第 9 帧进行进一步调节，对于脚的滑步、误差进行手动强化调节，最后将调节完成的第 3 帧、第 6 帧、第 9 帧镜像复制给第 15 帧、第 18 帧、第 21 帧，至此完成一个动作的循环，最后将 24 帧循环进行反复复制，即完成骨骼完整行走动画，简称骨骼动画。骨骼动画可以更容易、更快捷地创建动作模拟，简便快捷生动逼真，不管是在游戏、动画、影视特效还是虚拟现实中都在大量运用（图 5-35）。

2. 蒙皮原理

角色动画是具象的人物或动物真实的运动过程而不是纯骨骼的运动，所以骨骼动画必须驱动角色模型进行同步运动，这种骨骼模型同步运动的过程就是"蒙皮"。蒙皮是三维角色动画的一种制作技术，在已经创建的三维模型基础上，为模型添加骨骼动画，但是骨骼与模型是相互独立的，为了让骨骼运动动画驱动模型产生合理的同步运动，把模型绑定到骨骼上的技术叫做蒙皮。蒙皮的基本原理是动画角色的形体（肌肉、服装、皮毛）是一个模型，角色模型的内部是一个骨架结

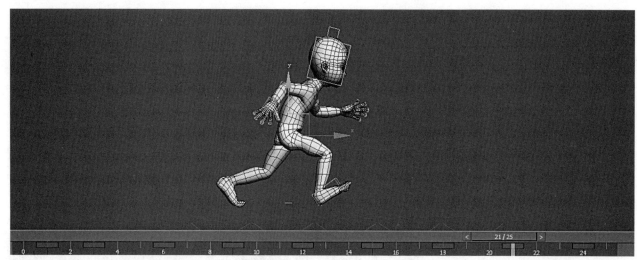

图 5-35　骨骼 K 帧动画（肖常庆作品）

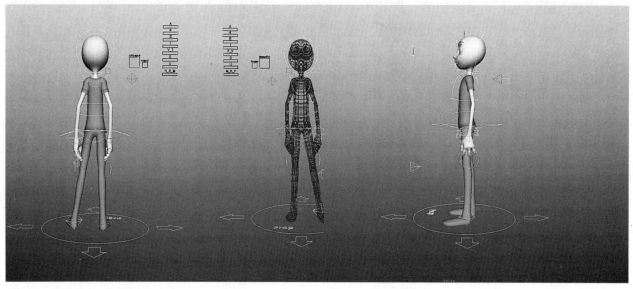

图 5-36　骨骼蒙皮（吴潇作品）

构。角色骨架运动时，模型就会跟着骨架一起运动。骨架是由一定数目的骨骼组成并创建好的骨骼动画，整个骨架的连接关系都是注入了骨骼绑定的动画信息，每个骨架部分和相对应的模型相关联，这段模型具备动画骨骼匹配所需的几何模型和纹理材质信息，骨骼运动信息通过封套牵动模型上相匹配的权重值，每个顶点都有相应的权重值，这些权重值定义了骨骼的运动对有关顶点的影响力。当把动画角色的姿势和全局运动信息作用到骨架上时，这个"蒙皮"模型就会跟随骨架一起运动。简而言之，蒙皮类似于人们穿衣服，利用

人的运动带动衣服的同步运动，并随着人的动作变化衣服做出相应的挤压、变形等相关动作（图5-36）。

蒙皮质量的好坏会受到几个方面的影响，首先是蒙皮的精确度，高质量的蒙皮需要骨骼和模型关节点、高度大小严格匹配，一般骨骼粗细度为模型的 2/3 较为理想，骨骼高度和模型高度一定等齐，比如腿部膝关节骨骼和腿部模型膝盖处一定严格对其，否则再熟练的蒙皮师也要出问题。其次，布线科学性，模型的角色结构和布线方式是否科学也会极大影响到蒙皮效果，蒙皮的原理是利

用骨骼和模型的信息点进行匹配，模型的信息点依靠布线产生，所以布线的方式和疏密程度决定信息点的多少，最终会对蒙皮的效果产生极大影响。

因此，作为合格的骨骼蒙皮动画师，一般需要熟悉人类、动物及相关机械的运动规律及骨骼生理特征，比如男人、女人及动物的运动规律，同时熟练掌握控制器与骨骼之间的绑定技巧，能够灵活快速地调整出各种想要的骨骼动画。同时需要熟悉常规建模布线和结构在蒙皮方面的影响，除了熟练两足动物类、四足常见动物类的骨骼系统及外挂插件外，还要熟练运用骨骼控制器等方面的知识点。

5.2.2.7　三维动画渲染输出

通过前几个环节的动画的制作仅仅得到的是一种半成品，比如材质、灯光、动画等只能在三维软件中呈现，三维动画最终得到的应该是一套动态视频系统，这种视频应该是能被常规播放器所识别，所以我们需要对前面制作一系列的制作成果进行综合打包处理，这个结果的实现就是渲染。渲染就是将建模、材质、灯光等各个独立信息融合到一张张序列帧或视频格式中。

三维软件提供了四个默认的视窗，四个主要的窗口分为顶视图、正视图、侧视图和透视图。为了追求真实的模拟效果我们会创建虚拟摄影机，大多数时候渲染的是摄影机视图而不是其他视图，摄影机视图基本遵循真实摄像机的原理，渲染程序通过摄像机获取了需要渲染的范围，渲染程序还要根据物体的材质来计算物体表面的颜色，材质的类型不同、属性不同、纹理不同都会产生各种不同的效果，而且，这个结果不是独立存在的，它必须和各种光源、阴影、模糊结合起来。所以最终看到的结果才会和真实的三维世界一样，具备立体感、空间感，才能真实模拟现实的世界（图5-37）。

图 5-37　写实场景（源自网络）

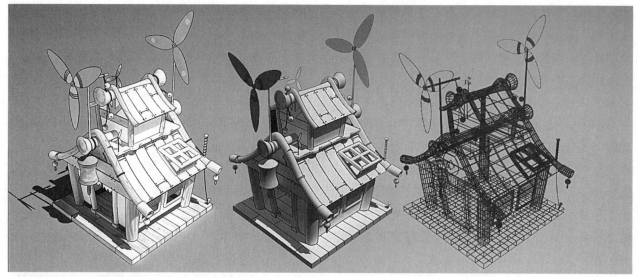

图 5-38　渲染效果（源自网络）

动画片的制作是一个长期连续的程序化过程，需要一个团队在相对较长时间内遵循工作流程，且保证相对稳定的制作水平，渲染是三维制作部分的结束又是后期合成部分的开始，它与前后多个步骤紧密相连，流水线创作方式将这些步骤连接成整体，渲染在动画制作历程中具有承上启下的重要作用。渲染质量的好坏直接关系到整部影片的成败，所以为保证渲染质量需要从以下几个方面注意：

1. 严格控制的单帧渲染时间。一般动画制作的时间要求很紧。保证质量前提下尽量缩短制作周期，需要控制好单帧渲染时间，这样动画项目才能保证以较好的效率完成。

2. 有选择地使用渲染器。一般是渲染效果逼真必然耗费时间并且增加成本，并非所有的镜头都需要严格逼真的精确渲染，根据剧情的需要有计划地选择合适的渲染器，对于特写、重要镜头经常采用高质量渲染器渲染、中远景镜头可以采用中低质量默认渲染，三维软件默认的渲染器不会计算光线的物理特性，只能通过辅助灯光来模拟的方法来得到二次照明等效果，这种渲染方式速度较快。高级渲染器，如 Mentalray、Vray、FinalRender 等，由于引入了物理学计算，耗时长但光线均匀死角较少，操作人员无须设置大量

的辅助灯光就能够得到很好的二次照明效果（图5-38）。

3. 严格控制分层数量和透明贴图。依据项目设置如果需要进行分层渲染，场景中的角色、道具、背景等按照前景、背景等多层进行渲染输出，同时也可通过分层渲染将场景中物体的颜色、高光、反射、折射、阴影、AO 贴图等分别渲染输出成 TAG 格式的序列文件，然后通过其他后期软件进行叠加、调色、合成等，最终生成视频文件。渲染器在光线跟踪渲染模式中多层透明通道贴图的阴影计算会花费大量时间，在保证质量前提下应该尽可能减少使用分层和透明通道贴图出现的次数（图5-39）。

4. 硬件系统设置：除此之外还要提高机器的硬件配置，主要性能包括总线结构、CPU、显卡及显存、内存、硬盘速度等，要有较高配置，同时系统设置要合理。

另外渲染还分为实时渲染、网络渲染、协同渲染以及并行渲染等，特别是近年来国内引入大规模的集群服务器系统进行动画渲染，也叫做渲染农场，这是一种利用现成的 CPU、以太网和操作系统构建的超级计算机，其系统运行能耗是大规模集群渲染系统性能的重要指标（图5-40）。

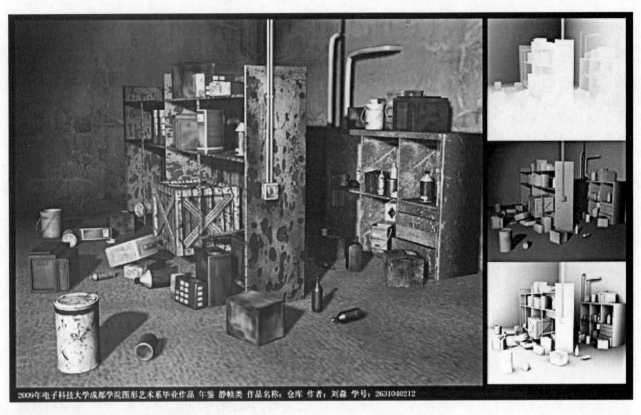

2009年电子科技大学成都学院图形艺术系毕业作品 年鉴 静帧类 作品名称：仓库 作者：刘淼 学号：2631040212

图 5-39 多通道渲染（源自网络）

图 5-40 集群渲染设备（源自网络）

5.2.3 三维动画后期合成

三维动画后期合成就是通过各种操作把三维制作效果和需要的图像合并为一个全新的效果。就是把一种事物与另一种事物，用现代科技的手法，将它们结合在一起并使大家看到一个更加完美的效果。鉴别合成的质量的最终标准是人眼，一切技术技巧都最终服从于这个原则，因为合成画面的最终是需要观众审核的，这个过程既需要多技术手段，又需要多艺术方面的选择，因此一个合格的合成师对于合成的过程在技术上和艺术上都要有比较深入的理解。

5.2.3.1 后期特效合成

后期特效合成是对现实生活中常规手段难以完成的效果（造价成本昂贵或具有危险性的项目）和三维渲染输出的动画（需要声、画、字幕及调色），用计算机或工作站对其进行数字化综合处理，从而达到预计的视觉效果（图 5-41）。

后期一般指对拍摄完的影片素材或者三维软件渲染的动画序列帧或视频，进行剪辑、特效、声效、调色、字幕等综合处理，将影片素材进行二次处理加工，使其能完美达到需要的效果。合成的类型包括了静态合成、三维动态特效合成、音效合成、虚拟和现实的合成等。常用的软件包括 Premiere、Final cut、Avid、After Effects、Nuke、Combustion、DFusion 等。

图 5-41　三维后期合成（选源自论文《影视特效的绘画重构》）

在这里后期特效合成主要是将几节三维动画制作渲染输出的序列帧或视频（非压缩视频）进行后期处理，三维动画软件虽然无所不能可以制作出任意想要的效果，但是，三维动画毕竟是影片的中期制作阶段和项目的要求还有差距，而且很多效果，比如光晕、字幕、调色等在后期软件施加更加方便，因此需要输出到后期合成软件，将三维软件渲染输出的多通道进行分类调节，比如将角色亮部、暗部、阴影、高光等进行分层或分节点单独调节，相比较三维调节更加方便直观快捷。

5.2.3.2　音画匹配输出

动画是导演的艺术，但更准确地说，它是在导演统领下的一个群体的艺术。导演、编剧、创作、制作、音乐五大组成部分，少了其中一个动画就不存在，而音乐与动画更是骨肉相连。动画是音画艺术，眼睛和耳朵两个器官是在第一时间接收信息的。"音画"就是带有声音的画面，有音乐的动态图片或视频，简单地说就是有声有色的图画。一部完整的影片需要声、画对位，生动逼真的剧情需要配上合适的背景音乐，比如悲伤欢快的场

面音乐，房屋的倒塌声、拔剑声、刀枪金属碰撞声、旗帜声等，这些画面都需要配合相应的音效才能模拟真实的环境效果。

动画具备多种节奏功能，比如主观节奏、客观节奏、导演心理节奏和观众心理节奏等。音乐这种形式和动画在节奏上必须非常统一，画面可以通过不同的音乐节奏和音乐语言，来表达这些内容，迎合故事不同的风格、不同的场景。从某种程度上说，音乐对动画的烘托作用是任何形式都无法替代的。

因此在音乐作为一种独特的听觉艺术形式一旦成为动画综合艺术的有机组成部分，音乐就具有了独特的审美特性和审美规律，音乐在抒情、渲染画面环境氛围方面起到了不可替代的独特作用，这种独特性主要体现在音乐（听觉）与画面（视觉）的相互作用的规律性之中。音乐在动画中具有举足轻重的作用，音乐节奏与画面共同丰富了动画给人的感受，没有动画的动画不成立，没有音乐的动画不完整，声画节奏完美匹配才能成为真正意义上的动画。

最后将剪辑、合成、特效、调色、配音的完

整影片再次进行渲染输出，这次渲染输出不同于三维渲染输出，后期的渲染输出基本接近成片的效果输出，根据项目输出要求对各种音视频格式、序列图片颜色深度、视频压缩格式、压缩质量、输出路径、输出名称、渲染设置等参数进行精确设置。最后渲染输出的效果除了一部分由渲染设置控制外，绝大部分在三维中期制作和后期特效合成中决定，随着数码技术全面进入动画领域，计算机逐步取代了许多原有的影视设备，一部动画影片最终的效果是由各个环节共同构成的，需要我们重视动画制作的各个环节，才能制作出自己满意观众认可的动画作品。

5.3　三维动画综合制作软件

从早期的《侏罗纪公园》、《恐龙》到现在的《西游记降魔篇》、《冰河世纪》、《海底总动员》等，这些令人惊叹的经典影片中，当我们沉浸在那些造型逼真的恐龙、惟妙惟肖的猛犸象、活泼可爱的松鼠、笑料不断的树懒等角色的表演时，对制作这些影片的幕后英雄愈加佩服，其实除了幕后这些天马行空的动画设计师之外，还有一类幕后英雄就是众多的动画制作软件和视频特技制作软件。从三维软件到二维软件，甚至二点五维软件。动画师正是借助这些非凡的软件，把他们的想象发挥到极限，才带给了我们无比震撼和美妙的视觉享受。因此，作为动画工作者在全面掌握艺术的同时还要熟悉各种相关软件的性能，才能始终走在动画创作时代的前沿。

5.3.1　软件应用概述

三维动画软件知识是一门适用于特殊领域、具有特殊策略特征、包含一定自动化技能成分的特殊程序性知识。三维动画软件作为动画专业的必修课程，在学习的过程中和动画理论课程的学习方法有所区别，下面就具体的学习方法做一个阐述：

首先，在软件的选择方面，很多同学经常议论哪款软件容易或哪款软件复杂，其实一般准备学习一个软件前，先明确学习它的目的，并且看看是不是选择了合适的软件，例如搞建筑设计可以选择 3Dmax，搞工业设计可以选择 Rhino，搞角色动画可以选择 Maya 或 Softimage 3D 等。这一点相当重要，正确的方向加上不断地努力成功的可能性才会更大。目前软件数量特别多，尽量不要盲目地追求软件的数量，什么都学什么都不精，几年下来仅掌握了一大堆三维软件的名称，应该熟练一种软件后根据需要再去学新的软件，这样相互继承提高，学起来就越快。不断去超越别人和自己，技术才能不断地提高。

其次，在娴熟程度上，熟练操作是三维动画软件学习的一个重要目标，一个合格的三维动画师除了具有新颖的创意思维外，还要体现在软件专业技术的娴熟度上，要达到一定的熟练程度才能胜任团队工作。

再次，技术与思维并重，软件的学习并不是为了学习软件而学习，掌握软件技能的同时要着意学习与软件技术相关的知识，学习软件各个步骤、各程序命令之间的必然联系和规律性，比如经常思考为什么用这种方法操作、那种方法同样也能达到这个效果、两种方法有何区别等，从而不断提高，更合理和有效率地提高使用技术的能力，有计划、有步骤、从易到难地安排一系列的自我训练，以应用的角度有目的地去学习操作的技能，把软件作为一种实现目的的手段，并非最终的目的，在学习中把对软件技术的操作和动画设计思维理念相结合，才是学习软件的正确途径。

5.3.2　主流三维动画软件及应用

三维动画软件不是某个具体制作环节或某个事物的形态、内容及变化发展等方面的描述，而是一整套庞大复杂的、关于软件程序工作步骤和操作技能的概括。如模型创建、材质贴图到骨骼运动等这些实现过程并不是单独的程序关系，三维动画制作工作的每一个制作技术环节，都是由一连串相互以序列化形式联系着的操作步骤的综合体。

　　一部成功的三维动画影片除了借助完美的剧情和动画师独特的创意外，还特别需要借助计算机动画制作软件将思维、创意等理念的东西或平面设计草图转变成立体的虚拟空间。随着数字技术进入到计算机领域，当今的动画制作已形成了以人类的创意思维为源泉，数字技术为实现手段，创意和技术已成为衡量一部影片是否能够圆满完成的必要因素，以前只要集中足够的人力物力，完全利用人工制作的时代将渐渐远去。比如中国第一部纯三维动画片《魔比斯环》在2006年由环球数码制作，这部影片就是由400位动画师共同完成、主要依靠软件完成的一个大制作（图5-42）。

（a）

（b）

图5-42　选自影片《魔比斯环》

三维动画是建立在利用电脑软件进行大量加工制作的动画表现方式之一。三维动画软件是一个专业性很强的程序，它的适用范围因其专业针对性，仅限于在三维动画制作项目中应用。这就使它与带有普遍适用性的一般程序性软件有着很明显的不同。三维动画软件是一门只适用于特殊领域的、专业指向性很强的特殊程序。

目前常用三维软件很多，主流软件如 3Dmax、Maya、Softimage 3D 等，不同软件适用于各自特定的领域，各种三维软件各有所长，依据它的工作需要可以划分为以下几种类别：

1．3D max

3D max 是美国 Autodesk 公司开发的基于 PC 系统的三维动画渲染和制作软件，常简称为 3Dmax 或 MAX，这款应用于 PC 平台的三维动画软件从 1996 年开始就一直在三维动画领域叱咤风云。其前身是基于 DOS 操作系统的 3D Studio 系列软件，3D max 一推出就受到了瞩目。3D max 从 1.0 版发展到现在的 2013 版，在 Windows NT 出现以前，工业级的 CG 制作被 SGI 图形工作站所垄断。它的出现降低了 CG 制作的门槛，开始运用在电脑游戏及动画中，后期进一步参与影视特效大片的制作，比如《最后的武士》、《诸神之战》等，可以说是经历了一个由不成熟到成熟壮大的过程。在国内，3D max 的使用人数大大超过了其他三维软件，可以说是一枝独秀（图 5-43）。

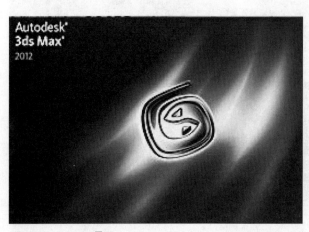

图 5-43　3D max 界面

3D max 作为世界上应用最广泛的三维建模、动画、渲染软件，完全满足制作高质量动画、游戏、设计效果等领域的需要，在应用范围方面，广泛应用于广告、影视、工业设计、建筑设计、多媒体制作、动画、游戏、辅助教学以及工程可视化等领域。在国内发展的相对比较成熟的建筑效果图和建筑动画制作中，在虚拟建筑漫游和室内外效果图制作方面，它以自己独特的程序模式占据着领域的主导地位，它的使用率更是占据了绝对的优势。3D max 在电影特效、影视动画方面也把它的功能发挥到了极致。3D max 成功参与了灾难电影《后天》中的部分电脑特技的制作，并得到了业界认可。在动画和游戏制作领域的场景搭建、角色建模和游戏动画的制作方面更是略胜一筹。著名角色人物劳拉的角色形象就是 3D max 的杰作，还有《X 战警》、《阿凡达》等。3D max 一直在数字市场领域上占有非常重要的地位（图 5-44）。

2．Maya

Maya 也是 Autodesk 公司出品的另一款世界顶级的三维动画软件，它的诞生的确开创了一个新纪元，和 3Dmax 比较，Maya 制作一个项目需要耗费更多时间和步骤，但是它在生成图像上的确比使用 3D max 生成的图像具有更多的细节。3D max 更多的效果制作依赖于外部插件，然而 Maya 主要依靠自身的程序调节就可制作出完美的效果，Maya 具有更大的可控制性和可操作性，是制作者梦寐以求的制作工具，熟练操作 Maya 会极大地提高制作效率和品质，调节出仿真的角色动画，它不仅包括一般三维视觉效果的功能，而且还与最先进的建模、数字化布料模拟、毛发渲染、运动匹配技术相结合。它在建模、渲染、制作数字角色和场景等众多领域也应用相当广泛（图 5-45）。

目前 Maya 更多的应用于电影特效方面。众多好莱坞大片对 Maya 的特别眷顾，可以看出 Maya 技术在电影领域的应用越来越趋于成熟。Maya 参与制作了《黑客帝国》、《蜘蛛侠》、《X 战

（a）

（b）

图 5-44 选自影片《后天》《阿凡达》

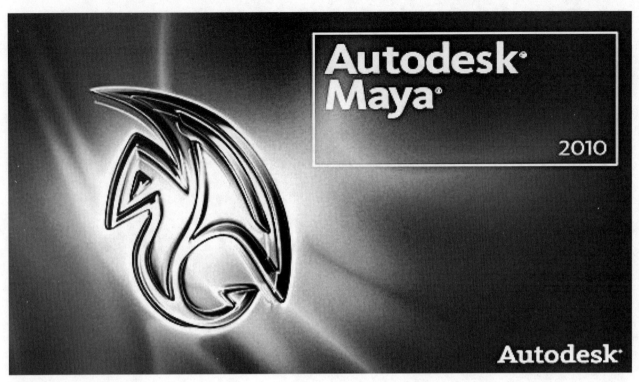

图 5-45　Maya 界面

警》、《冰河世纪》、《骇客任务》、《神鬼传奇》、《星际大战》、《透明人》、《一家之鼠》、《火星任务》、《天摇地动》、《神鬼战士》、《玩具总动员》以及《怪物史莱克》、《太空战士》等，Maya 已成为好莱坞电影工业上使用最广泛的特效动画工具，成为特效电影、三维动画的代名词（图 5-46）。

　　人物角色动画设计是 Maya 的强项之一，它能建构栩栩如生的人物造型，在医学上也利用 Maya 这项技术作为整形手术模拟和医学教学模拟，这也是动画上的另一项应用范畴，Maya 可以没有限制地展现设计师的创意，用现实主义的手法表达史无前例的逼真效果和完美的动感画面质量，扩展你创造性的潜力，因此 Maya 每年都是奥斯卡奖的常客，它是电影级别的高端制作软件，在目前市场上用来进行数字和三维制作的软件中，Maya 是首选方案。

　　3. Avid Softimage XSI

　　Softimage 公司是加拿大 Avid 公司旗下的子公司。作为全球著名的数字媒体开发公司、生产

企业，Avid 于 1998 年并购 Softimage 以后，于 1999 年底推出了全新三维动画软件 XSI，由于其非线性动画的特色及大量的技术改进，受到了业界的关注与好评，是针对游戏动画和电影行业先进的 3D 动画和角色创建软件，它可以运行上亿个多边形的超大模型，基于最新的核心，尊重用户使用习惯，以其独一无二真正的非线性编辑，为众多从事三维计算机艺术人员所喜爱，可以为用户提供最快速的制作环境。XSI 具有最好的多边形建模工具组件，它们快速、简单创建并且非常完整。由于细分多边形模型是将来的发展趋势，因此它受到了更多拥护。Softimage 3D 是专业动画设计师的重要工具（图 5-47）。

　　Softimage 3D 是由加拿大国家电影理事会制片人 Daniel Langlois 于 1986 年创建的，是一套由艺术家自己设计的三维动画系统，至今已经有接近 30 年的历史了，比起 Maya 和 3D max 软件早了很多年。Softimage 3D 一直都是那些在世界上处于主导地位的影视数字工作室用于制作电影

（a）

（b）

图 5-46　选自影片《玩具总动员》、《怪物史莱克》

图 5-47　Softimage 3D 界面

特技、电视系列片、广告、动画、建筑表现和游戏的主要工具，由于 Softimage 3D 所提供的工具和环境为制作人员带来了最快的制作速度和高质量的动画，使它在获得了诸多荣誉的同时，也成为当今世界公认的最具革新性的专业三维动画制作软件。宫崎骏导演的许多获奖动画片都是用 Softimage 3D 制作的，如《千与千寻》、《哈尔的移动城堡》等。

Softimage 3D 不仅因为其强大的非线性动画角色制作能力，也源于它近年来的不断推陈出新，使其在模型、渲染、粒子效果、流体、刚体、柔体动力学效果、毛发、布料仿真等效果上展示了其综合实力，如《侏罗纪公园》、《第五元素》、《虫虫危机》、《红磨坊》、《少林足球》等电影里都可以找到它的身影。比较有名的效果如《X 战警》的流体水花效果，《侏罗纪公园》里身手敏捷的速龙等（图 5-48）。

Softimage 3D 创建和制作的作品占据了娱乐业和影视业的主要市场，特别在影视动画界使用极为广泛，普遍应用于工业设计，动画设计，广告影片，电影特效，动画游戏，虚拟网络等各项领域。

4. Houdini

Houdini（电影特效魔术师）是 Side Effects Software 的旗舰级产品，是创建高级视觉效果的有效工具，Houdini 是一个特效方面非常强大的软件，主要面对的是电影工业的特效制作与合成。Houdini 是一个节点软件，节点的操作具有非常强的逻辑性，同时它也是一个动态的建模软件，通过一个个节点和命令将各种对象组合在一起，在应对含有非常多的视觉元素的影视特效合成时通过节点的操作更加容易管理成千上万的视觉元素，国内对 Houdini 使用不是很多，不过它在国外的确是一个非常惹人注目的三维动画和视觉特技软件。同其他软件不同的是，它把三维动画同非线性编辑结合在了一起（图 5-49）。

Houdini 这款软件的强大功能应该是它的粒子系统和变形球系统。《终结者》里的液态机器人就是用 Houdini 的变形球系统来完成的，以及《后天》中的龙卷风的场面等。Houdini 的界面比较复杂，控制的参数很多，学习起来比较繁琐，它为那些想让电脑动画更加精彩的动画师们提供了空前的能力和工作效率。在国内公司使用率不是很高，常用于专业高端影视影像特效公司（图 5-50）。

（a）

（b）

图 5-48 选自影片《X 战警》、《侏罗纪公园》

图 5-49　Houdini 界面

（a）

图 5-50　选自影片《终结者》、《后天》

（b）

图 5-50 选自影片《终结者》、《后天》（续）

5. ZBrush

ZBrush 是 Pixologic 公司研发的一款集中了大量先进技术、思维独特的软件，这款软件程序进行了相当大的优化编码改革，并与一套独特的建模流程相结合，可以让你制作出令人惊讶的复杂模型。它还是一款高效的建模器，无论是从低模到高分辨率的模型，任何雕刻动作都可以瞬间得到回应。还可以实时的进行不断的渲染和着色。它可以轻松塑造出各种数字生物的造型和肌理，还可以把复杂的雕刻细节导出生成法线贴图与编排好 UV 的低分辨率模型匹配。ZBrush 是一个数字雕刻和绘画软件，类似于艺术家在二维画布上绘制具有三维空间的艺术作品，因其兼有 2D 软件的简易操作性和 3D 强大的功能，笔者将 ZBrush 定位为为 2.5 维（2.5D）软件（图 5-51）。

ZBrush 雕刻绘制的模型和生成的法线贴图可以被所有的大型三维软件 Maya、3Dmax、Softimage 3D、Houdini 等识别和应用。在实际项目中经常利用三维软件制作出简单的模型，然后导入到 ZBrush 中进行细节雕刻，比如皮肤伤痕、烙印纹理等，完成后将生成的法线贴图导回三维软件进行低模高贴，特别是它功能强大的笔刷纹理和独特的球建模方式，以实用的思路功能和艺术家创作力完美组合，有利于激发思维的创作力及表现力（图 5-52）。

ZBrush 能够雕刻高达数十亿多边形模型，它以强大的功能和直观的工作流程逐渐改变了整个三维行业。它参与了很多电影特效、动画、游戏的制作，如《黑夜传说》中大量使用到 ZBrush 来制作纹理和模型，《奇幻精灵事件簿》使用 ZBrush 制作模型和置换贴图等。

一部优秀的动画片、一个经典的案例、一个逼真生动的电影特效都是运用某个软件或者几个

图 5-51　ZBrush 界面

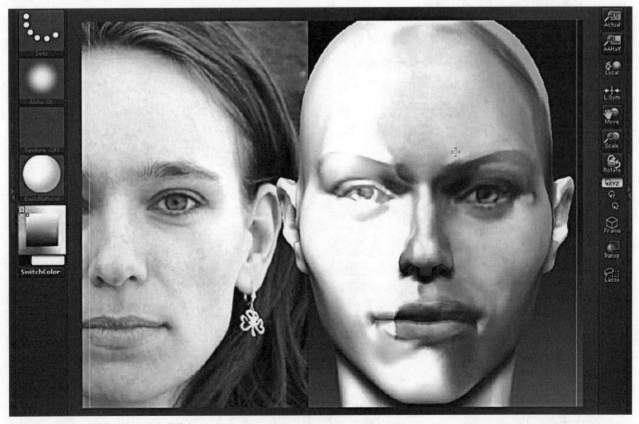

图 5-52　ZBrush 贴图绘制（源自网络）

软件综合制作出来的。面对众多复杂的软件类型，重要的是分清这些软件优势特长，三维动画的学习更多功夫在软件之外，软件仅仅是一个实现目标的工具，你的艺术素养、文学积淀、动画理论、思维创意等方面，才是决定能否成为一名优秀动画师。

5.3.3 后期合成软件及应用

后期是相对于中期三维制作及前期二维原画创意而言的，后期在时间顺序排列上属于项目的最下端，是对前几部分制作效果的综合调整阶段，后期合成在动画片制作过程中起着举足轻重的作用。它是将所有动画文件和镜头合成一个有条理、有秩序的完整文件，同时它也是决定一部动画片能否吸引住观众目光、能否具有视觉感染力的一个重要因素。

后期合成主要是通过相关软件依据需要调整的画面，剔除镜头中的所有瑕疵，增加一些特殊效果，比如武打动作中的气功波、刀剑碰撞的火花效果，使其更加绚丽、更加逼真，整体气氛上更加完美。正是运用这些后期合成软件，使得合成师可以运用先进的图形图像软件对三维动画和图形进行编辑和设计，最终才制作出绚丽多姿的视频效果。后期合成制作不仅包括效果的合成还包括镜头的剪辑、字幕的添加、音效的匹配等。

后期合成师除了应熟练掌握软件工具，还应该自觉培养与专业相适应的思维能力所形成与之相应的思维模式。加强影视剪辑与镜头合成意识，同时配合熟练地软件操作能力，才是提升创作效率与艺术水平的最为有效的途径。

后期合成软件非常多，相对于三维动画的制作过程，常见的主流后期合成软件如 Premiere、After Effects、Nuke、Combustion、DFusion 等，其中 After Effects 是用户最广，使用率最高的常规合成软件。Nuke 是目前最先进最流行的影视级合成软件。不同后期软件各有所长，依据工作需要选择可分以下几种类别：

1. Premiere

Premiere 由 Adobe 公司推出的一款常用的剪辑软件，它是一款能强大的影视作品编辑软件，可以在各种平台下和硬件配合使用，有较好的兼容性。Premiere 是一个非线性数码编辑软件，它的主要功能是视频的剪辑、镜头画面过渡转场、色彩的调整、字幕添加、音效匹配等功能，如果再配合上其他的视频处理软件，通过综合运用文字、图片、动画和视频编辑效果，可以制作出各种不同用途的多媒体影片。即使在普通的 PC 机上也可制作出专业级的视频作品和 MPEG 压缩影视作品。目前这款软件广泛应用于片头广告、动画创作中（图 5-53）。

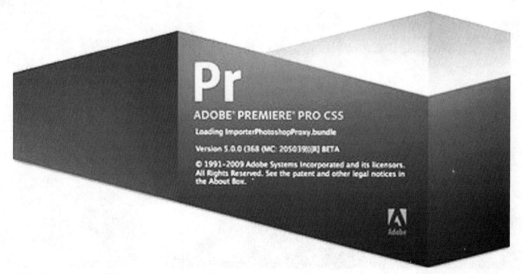

图 5-53 Premiere 界面

2．After Effects（AE）

After Effects 是由 Adobe 公司推出的另一款常用的专业级影视软件，是目前最为流行的影视后期合成软件。After Effects 拥有先进的设计理念，After Effects 提供了一条基于多层合成图像的控制模式及关键帧理念，可以对视频或序列图片进行蓝屏抠像、轨迹匹配、路径动画、遮罩透叠、动态控制、矢量绘图、光效制作等，After Effects 对于控制高级动画合成如鱼得水，高效的视频处理系统，确保了高质量的视频输出，使 After Effects 能够实现合成师的一切创意，达到令人眼花缭乱的光效和特技系统。After Effects 另一大特色虚拟三维空间，具有 X 轴、Y 轴、Z 轴的三维定位和空间旋转能力。可以利用多个摄像机在不同 3D 层进行交叉控制，每个层都带有灯光设置，包括多种光源：点光源、平行光、范光灯和聚光灯。摄像机和灯光的属性，包括摄像机的位置和角度，可以通过关键帧制作成为动画，也可以定义阴影效果（图 5-54）。

After Effects 是一款通用的后期软件，与其他软件 Photoshop、Premiere、Nuke、Combustion、DFusion 等有着紧密的结合。同时它可以和 Maya、3Dmax、Softimage、Houdini 等 3D 软件进行配合使用。也是现在为止使用最为广泛的后期合成软件。由于这款软件适用于 PC 机和 MAC 机型上使用，而且对硬件性能要求并不很高，因此非常适合电视栏目包装、动画合成、影视特效及后期制作工作室以及多媒体工作室（图 5-55）。

3．Nuke

Nuke 是由 The Foundry 公司研发的一款数码节点式合成软件，Nuke 英文原意为"核武器"，它是一款强而有力的软件，具有无比的速度，有效的多频道扫刻画图引擎，如果从事高品质影像特效的行业，那么 Nuke 这个经过产业证实的视觉殊效工具，可以为你的视效工作流程带来速度、功效及震撼。Nuke 无需专门的硬件平台，但却能为艺术家提供组合和操作扫描的照片、视频以及计算机生成的图像（图 5-56）。

图 5-54　After Effects 界面

图5-55 广告片头（源自网络）

图 5-56　Nuke 界面

　　Nuke 是一种基于分辨率的节点类高端合成系统，获得学院奖（Academy Award），支持各种类型的通道，拥有强大的图像操作工具，并且拥有完善的 3D 合成环境。支持多种格式，它的内部使用 32 比特线性 RGB 色彩空间，当然也可以自定义。每个图片最多可支持 64 个通道。可以把高光、纹理、阴影等分通道存储，然后分别调用调节。Nuke 支持各种类型的网络，各种系统可以同时使用，网络渲染很方便，Nuke 具有先进的视觉特效处理功能，无论所需的视觉效果是什么风格或者有多复杂，Nuke 都能够出色地完成。

　　国内越来越多的专业人士开始关注这款专门为电影特效而开发的后期合成系统，近期许多国内影视剧的特效镜头都是用 Nuke 制作出来的，近年来 Nuke 参与制作的著名影视有：《后天》、《机械公敌》、《极限特工》、《泰坦尼克号》、《真实的谎言》、《2012》、《阿凡达》等。相信 Nuke 将在未来的影视特效市场发挥更大作用（图 5-57）。

　　4. Digital Fusion（DFusion）

　　Digital Fusion 是 Eyeon Software 公司推出的运行于 SGI 以及 PC 的 Windows NT 系统上的一款非常强大的专业视频合成软件，其强大的功能和方便的操作远非普通非编软件可比，也曾是许多电影大片的后期合成工具。它是 PC 操作平台上第一个 64 位的合成软件，支持 64 位色彩深度的颜色校正，这是以前 SGI 操作平台合成软件独有的技术，它是基于流程线和动画曲线相结合的合成软件（图 5-58）。

　　Digital Fusion 采用节点式的工作流程模式，非常适合习惯 Nuke、Maya、Softimage 3D 等软件操作界面的动画师。它具有真实的 3D 环境支持是真正的 2D 和 3D 终极合成器。它可以和三维软件密切协作，在二维环境中修改三维物体的材质、纹理、灯光等性质。在众多影片中承担了大量特技合成任务。

图 5-57　Nuke 参与影片（选源自论文《影视特效的绘画重构》）

图 5-58　DFusion 界面

思考题

1. 根据对软件的了解，模拟制作一个三维动画项目需要哪些软件，这些软件怎样进行密切配合，试描述详细过程（1000 字以上）。

2. 将上述模拟的文字稿选取你所擅长或感兴趣的部分，比如场景、角色或动画，进行建模材质渲染输出成一个完整作品。

综合赏析部分

第 6 章　三维动画作品赏析

6.1　三维动画作品

6.1.1　三维剧情动画

三维剧情动画是目前影视动画作品中较常见的一种类型，由古代到现代，从欧美到本土，题材十分广泛涉及各个领域，如在影片《超人特工队》中，拥有弹性极佳的身体，四肢可以无限伸展，简直媲美"橡皮人"的母亲——弹力女超人巴荷莉；

拥有超能力就像外号一样，跑起来快得像一阵风，甚至能在水上健步如飞的"飞毛腿"——巴小飞，都给大家留下了深刻的印象（图6-1）。

在本土影片中不得不提电影《魔比斯环》，它是中国三维电影史上投资最大、最重量级的三维巨片，耗资超过1.3亿人民币，400多名动画师，历经5年精心打造而成的三维影视电影惊世之作。虽然种种原因在票房上不佳，但是，它是由环球

图6-1　选自《超人特工队》海报

数码投资的一部国产全三维数字魔幻电影，从简单动画到复杂的三维场景及特效都表现得淋漓尽致。

6.1.2　三维纪录片动画

电脑三维动画技术的成熟给影像艺术带来了革命性的变革。电影、电视剧等大众化的传播工具正在电脑三维动画技术带来的变革中畅游，电视纪录片正是凭借三维动画模拟这种先天优势，不断创造各种震撼效果。《故宫》采用了国际先进的动画技术和借用了电影的多种拍摄手法。三维制作结合实景拍摄、延时摄影（如故宫上空的云）、定点拍摄等，这为提升整个《故宫》的品质奠定了良好的基础。从中我们可以感受到三维动画技术给纪录片的创作带来了很多的变革（图6-2）。

电影《圆明园》以动画的形式展现了圆明园由辉煌华丽到被八国联军烧毁的整个变迁过程。三维动画技术的运用，缩短了时空的界限，把数千年的历史在简单的变迁中得以展示，使观众一目了然。在空间的展示上，三维技术的运用更是如虎添翼。圆明园是一个复杂而庞大的建筑、园林体系，现在只留下断壁残垣，而如何使当年的真实场景一一再现，就需要借助三位数字模拟才能最终实现，影片《圆明园》中多云的天空凸现了历史的厚重感，翻滚的乌云和季节瞬时变化，配合美轮美奂、无与伦比的皇家建筑，展现了历史的变迁（图6-3）。

怎样才能把一个原本历史的真实表现得更有现代意义？怎样在有限的画面中传达更多的信息？怎样才能融入更多创作者的思想和情感？三维动画技术的更多运用，使得以上的问题得以含蓄的展现，使得纪录片的个性化的风格越来越明显。

第四届上海电视节"白玉兰奖"的一位国际级评委说："中国纪录片不能走向世界的原因就是，为追求纪录内容的'绝对真实'而放弃各种先进的技术手法的运用。"通过电脑的技术的处理，以动画的形式，展现了历史变迁，真实、直观，给观众的印象非常深刻。在展现历史变迁的同时，配合使用三维动画，展示那些已经消失的或正在消失的部分。当然技术永远只能是手段，在纪录片中是为表现"真实"这个主题服务，不能喧宾夺主。

图6-2　选自纪录片《故宫》

图 6-3 选自影片《圆明园》

6.2 游戏动画作品

6.2.1 网络游戏

网络游戏又称"在线游戏"，简称"网游"，是指玩家必须通过互联网连接来进行的多人游戏，一般指由多名玩家通过计算机网络在虚拟的环境下对人物角色及场景按照一定的规则进行操作，以达到娱乐和互动目的的游戏产品集合。这一种类型是由公司所架设的服务器来提供游戏，而玩家们则是由公司所提供的客户端连上公司服务器进行游戏，而现在称为网络游戏的大都属于此类型。此类游戏的特征是大多数玩家都会有一个专属于自己的角色（虚拟身份），而一切角色资料以及游戏资讯均记录在服务端，比如《梦幻西游》和《龙之谷》等就是此类游戏的典型代表（图6-4）。

6.2.2 单机游戏

单机游戏又称"独立游戏"，指仅使用一台计算机或者其他游戏平台，不通过互联网络，就可以独立运行的电子游戏。只需要一台计算机即可体验游戏，它不需要专门的互联网服务器便可以正常运转游戏，部分也可以通过局域网进行多人对战。当今的很多单机游戏都是精工细做而成，更能呈现出较好的画面、优良的游戏性，相比网络游戏而言更有可玩性，单机游戏往往比网络游戏的画面更加细腻，剧情也更加丰富、生动。在游戏主题的故事背景下展开的一系列游戏体验，往往给人一种身临其境的感觉。比如《Counter-Strike》和《魔兽争霸》就是此类游戏的典型代表（图6-5）。

单机版游戏和网络游戏的最大区别是单机版游戏是一种产品，但网络游戏更像是一种服务。

（a）

（b）

图 6-4　源自游戏界面 1

（a）

（b）

图6-5 源自游戏界面2

单机版游戏可以在开发完毕上市后就告一段落，但是网络游戏不可以，相反，开发完毕只是网络游戏的开始，重要的是之后的持续开发。网络游戏需要联网，很多玩家一起玩，游戏的乐趣会相应增加很多，网络游戏的特性就在于玩家会花大量的时间在游戏上。与此同时，内容的消费速度也会相当迅速。于是，游戏开发厂商的开发速度必须跟上用户的消费速度。而单机大多数都是有剧情的，基本都是只通一次关就可以了，所以对技术要求相对不高，而网游则在技术技能上要求较高。

6.3 影视特效包装作品

6.3.1 片头包装

近年来，电影、电视越来越受到人们的喜爱，广大的影视制片商需要吸引更多的客户来关注他们的作品，获得更多的客户来欣赏，从而能够获得更多的利益，因此制作出一个精彩的片头包装是不可缺少的。

片头包装是影视及广告中普遍采用的一种表现方式，特别是在电视广告宣传中，片头犹如一篇文章的标题，它是对整个节目内容的概括和提示，这种概括与提示严格控制在一定的时间之内，同时用电视的形象化手段加以构思和设计，使观众认识、识别和留有印象，从而使观众接受整个栏目或节目（图6-6）。

现在我们所看到的广告，几乎都用到了包装，也就是说一个精彩的片头包装，能够为一个影视及广告作品添加更多的价值。在片头包装中将电脑技术和广告创意融为一体，更深刻地诠释影视或广告的内涵，创造更多价值，数字时代的不断发展，将深刻地影响着广告包装的发展趋势。

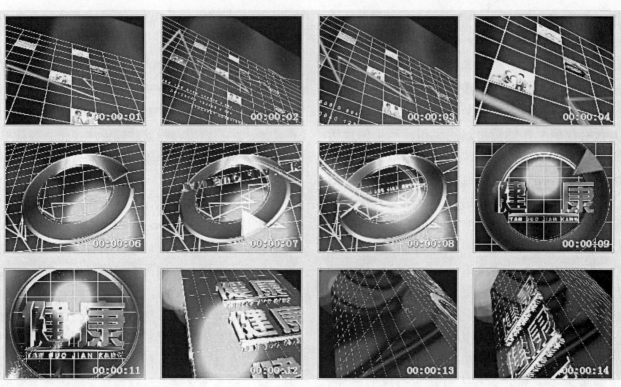

（a）

图6-6 片头包装（源自网络）

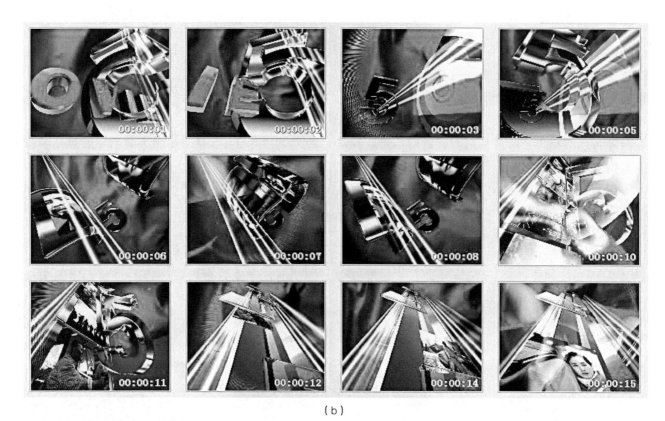

（b）

图6-6 片头包装（源自网络）（续）

6.3.2 影视特效

随着计算机动画在影视领域的延伸，影视拍摄汲取了数字影像技术的无限拓展性，在视觉效果上弥补影视拍摄的局限性，在一定程度上利用数字制作的费用远比实拍所产生的费用要低得多，而且可以模拟出现实拍摄中无法完成的效果，如《白蛇传说》中法海和白娘子的水上戏，利用特效形成的波涛、漩涡、水柱以及魔法激斗，都是现实实际拍摄所不能达到的（图6-7）。

除此之外影视特效不仅减轻了特殊镜头的预算成本，而且对于一些具有硬伤的镜头能够进行特殊的处理，特别是影片拍摄完成后由于某些条件的变化，导演或制片人要求加入一定的项目要求（广告拍摄中较多出现），还有由于前期策划不完善，创作人员疏忽造成的硬伤，重拍已经不可能只有在原素材上进行加工处理，

如影片《辛亥革命》书写错误的特效处理（图6-8）。

随着数字特效技术的发展，视觉影像制作的艺术和技术正在发生着一场革命，视觉效果的创作更加灵活，影视特效是集创意、前期拍摄、三维动画、后期合成、特效动画等众多创意和技术的综合体。有些条件下不但需要软件的技术，同时还需要昂贵的硬件器材配合使用才能达到效果，如冯小刚拍摄《唐山大地震》，是中国电影历史上第一次使用了"Motion Control"，关于为什么使用。引用冯小刚的原话"我们有一些高难度的特效镜头，需要6次拍摄才能把镜头合成在一起做出那个效果。包括我们在三维上也有特别难的镜头。比如，一个起重机，老吊车后倒，钢缆崩断，配重怎么下来打在机器身上，吊的预制板怎么靠惯性冲到房间里，把人从房间里一直给撞出去。这个吊车怎么倒，砸过廊桥，在廊桥上跑的人被砸垮，落地时离两个主人公只是一步之遥（图

图 6-7　源自影片《白蛇传说》

图 6-8　《辛亥革命》场景（源自火星官网）

6-9）。像这样的都是非常高难度，这些镜头我在验收的时候觉得是做到了 A 类的水平。包括我们主场景的坍塌，这个镜头我认为是目前世界在做这种电脑特效的镜头里都是一流的水平。6 次拍摄合成的效果，因为 "Motion Control" 它能保证每一次镜头运动的速度、角度和上一次的轨迹完全一模一样。当然它的机器也很贵，每一天几十万的租金，但没有这个机器做不了这样的镜头。"（图 6-10）。

6.4　建筑漫游虚拟作品

6.4.1　建筑规划

随着市场竞争的日益激烈，对建筑规划方案的竞争要求也越来越高，如何在众多的作品中脱颖而出，如何将自己的设计方案、理念最准确、最形象地表达出来，是设计师日益关切的问题。

通过三维动画模拟将二维建筑或规划图纸，变成三维立体的动态方案，从简单的几何体模型到复杂的建筑模型，到复杂的设计场景，如道路、桥梁、隧道、市政、小区、景观、人物等被表现得淋漓尽致（图 6-11）。

三维动画模拟建筑规划演示的方式，其效果真实、立体、生动，是传统规划方式所无法比拟的。将传统的规划方案，从纸上或沙盘上演变到了电脑中，真实还原了一个虚拟的规划视觉演示。同时，在视听语言中采用符合审美情趣及功能的视觉影像，配合音乐与段落画面，把文字、旁白等形式合理地随情节展开，把三维虚拟动画的基本结构手段、叙事方式与镜头、规划场面的完美安排，达到音画一体，增强了规划方案的感染力。

建筑规划三维模拟需要与音画审美形式共同把握，通过动态模拟反映规划师的创作心理、文

（a）

（b）

图6-9　选自影片《唐山大地震》

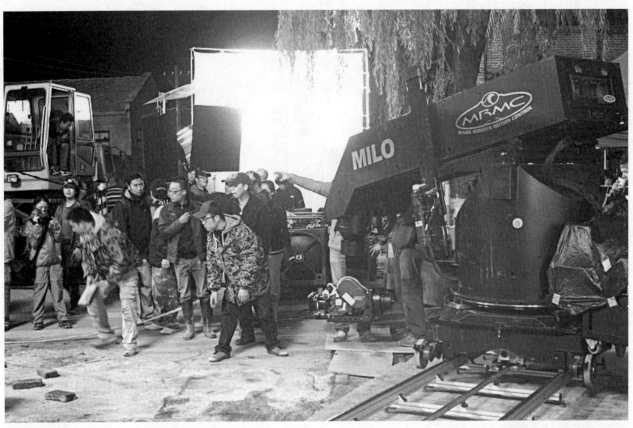

图 6-10　Motion Control 拍摄现场（源自网络）

（a）

图 6-11　三维建筑规划模拟（源自网络）

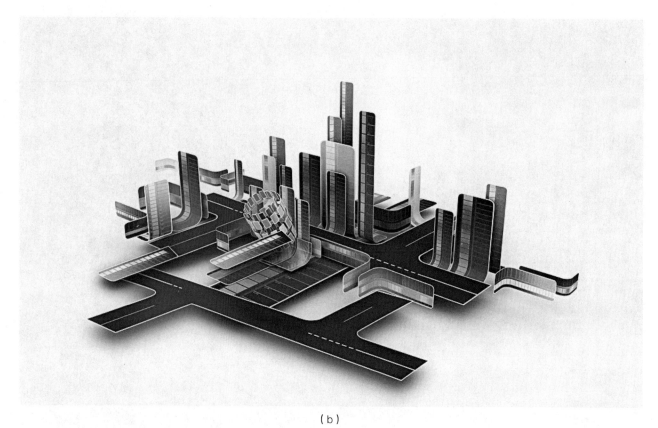

（b）

图6-11　三维建筑规划模拟（源自网络）（续）

化品位。需要规划师对整个艺术流程反复斟酌，尤其是在建筑动画视听语言这个环节的把握上，对视与听这两个主要的艺术表现手法需要十分合理的结合运用。

6.4.2　地产模拟

　　地产动画模拟也是当前房地产常用的宣传方式之一，它的优势是在房产开发前进行全方位宣传。人们能够在一个虚拟的三维环境中，用动态交互的方式对未来的建筑或城区进行身临其境的全方位的审视：可以从任意角度、距离和精细程度观察场景，利用地产模拟动画随意可调的镜头，进行鸟瞰、俯视、穿梭、长距离、任意游览，提升建筑物的气势。而且，在漫游过程中，还可以实现多种设计方案、多种环境效果的实时切换比较。能够给用户带来强烈、逼真的感官冲击，获得身临其境的体验（图6-12）。

6.5　科研医学模拟作品

6.5.1　军事航天

　　随着计算机硬件水平的提高和三维动画软件的普及，三维动画技术在军事航天模拟项目等领域得到了广泛的推广和应用。三维技术最早应用于飞行员的飞行模拟训练中，使飞行学习更加方便、安全。

　　在军事领域，主要用于构造三维武器装备模型和三维战场环境模型，并围绕这两种类型的模型展开多方面的应用。三维动画用于导弹飞行的动态研究，爆炸后的碎片轨迹研究等。利用虚拟样机在虚拟环境中进行模拟演习，不但安全无破坏，而且不受气候天气的影响，不受空间场地的限制，可以多次重复进行，最后从多次模拟中获取经验教训并总结出实战的最佳方案（图6-13）。

（a）

（b）

图 6-12　地产漫游动画（源自网络）

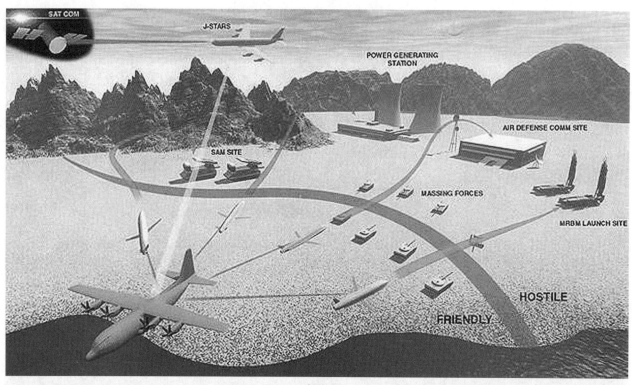

（a）

（b）

图 6-13 军事动画模拟（源自网络）

三维动画技术擅长表现复杂的空间关系，能将武器装备的基本构造、技术原理、工作过程、破坏机制等在三维空间重现出来，观者能从不同角度、不同方位观察和领会，运用三维动画辅助武器装备原理教学，符合人类对复杂三维物体的认知规律，降低学习难度。此外，利用三维动画技术构造的三维武器装备模型，能精确模拟和再现各种武器装备的外部造型、内部结构以及工作原理，还可以通过三维动画模拟战场，进行军事部署和演习（图 6-14）。

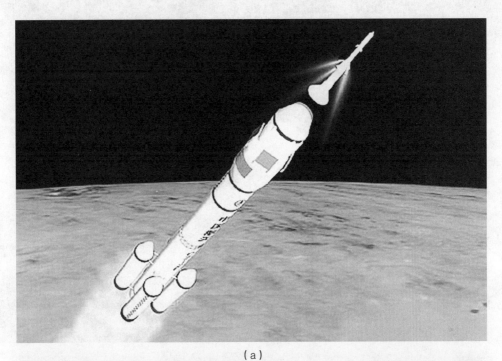

（a）

（b）

图 6-14 武器动画模拟（源自网络）

在航空航天领域，由于航天事业自身耗资巨大、系统工程复杂等特点，在实际模拟演练中遇到重重阻碍，随着虚拟三维动画技术的发展，利用动画模拟系统来替代那些费时、费力、危险的实验项目，通过三维动画模拟火箭的点火、升空、推进及分离过程，保证航天研究过程的安全性，同时为火箭的正式发射提供精确的数据分析（图6-15）。

（a）

（b）

图6-15　火箭动画模拟（源自网络）

在太空舱模拟系统失重训练方面，通过构造模拟的座舱，使航天员熟悉舱内布局及界面外置关系，从而使航天员熟悉飞行程序和实际操作技能。通过模拟测验，使航天员能够自行解决运轨期间发生的各种障碍。通过虚拟模拟操作，不但使得航天员的操作水平提高，更节省了实际操作费用。从而让航天员在失重的情况下建立空间方位感（图6-16）。

（a）

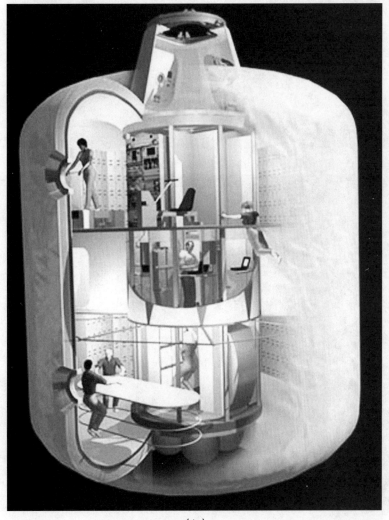

（b）

图 6-16　太空模拟（源自网络）

三维动画模拟技术的应用彻底改变了人机交互方式，使人完全融入虚拟的三维世界中，实时动态三维立体的逼真模型，可通过听觉、触觉、嗅觉参与其中。我国是航天大国，将三维虚拟技术运用至航天事业中，便于航天事业操作系统模拟，三维动画模拟技术的使用和掌握尤为重要。

6.5.2　地理测试

地理测试主要是利用动画模拟地理结构运动中的一切过程，通过动画模拟地震的产生、发展及破坏度等过程，通过动画模拟测试推测出地震对海洋、地表产生的破坏幅度大小，有助于对自然灾害的预测和研究（图6-17）。

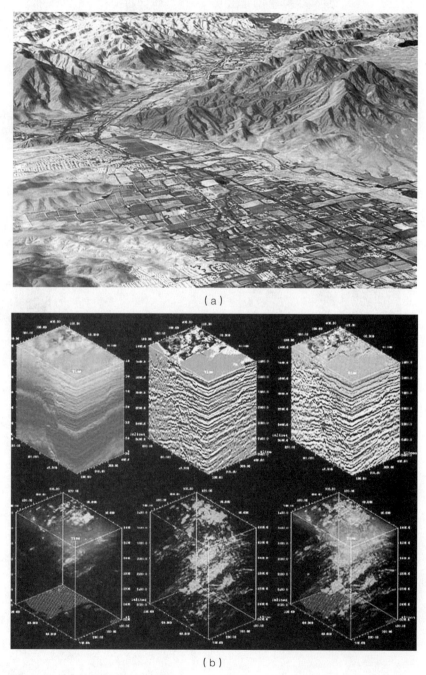

（a）

（b）

图6-17　地壳动画模拟（源自网络）

三维动画还可以模拟交通安全、能源转换、水处理过程、水利生产输送过程、电力生产输送过程、矿产金属冶炼过程、化学反应过程等，特别是在煤矿生产开采及矿井安全逃生动画模拟方面（模拟煤矿开采事故过程）效果明显（图6-18）。

（a）

（b）

图6-18 动画安全模拟（源自网络）

6.5.3 医学模拟

　　医学模拟动画是近年来随着三维动画的发展而产生的一种新兴技术。设计师在这个虚拟的三维世界中按照人体生理结构，创建各个器官模型及新陈代谢过程。特别是在医学教学演示方面，借用其强大的表现力，以其丰富的表现形式，跨越时空的表现力，将课堂教学引入全新的境界。能快速、清晰、逼真地予以显示，充分发挥图、文、声及动画融合的优势，通过虚拟化的三维结构，

直观地表达医学范畴的疑难点（图6-19）。

　　三维医学模拟动画是一种互动动画，它将人体生理结构、细胞运行、性能特征、生长方式等一系列真实的人体循环过程，以动态视频的形式直观地演示出来。不但有利于教师讲解，而且能使学生深入地感知，使感性知识与理性知识高度统一，使枯燥乏味、死记硬背的传统教学变为易于理解、乐于接受的趣味学习。利用三维动画形式宣传医疗仪器，解释仪器运作原理的模式也在中国得到了广泛应用（图6-20）。

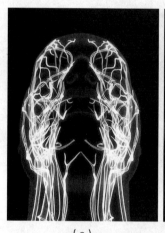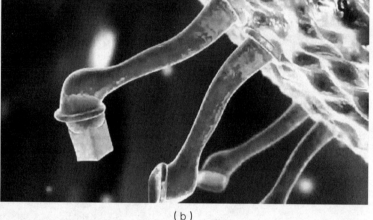

（a）　　　　　　　　　　　　　　　　　　　（b）

图6-19　神经传输动画模拟（源自网络）

（a）

图6-20　血液传输动画模拟（源自网络）

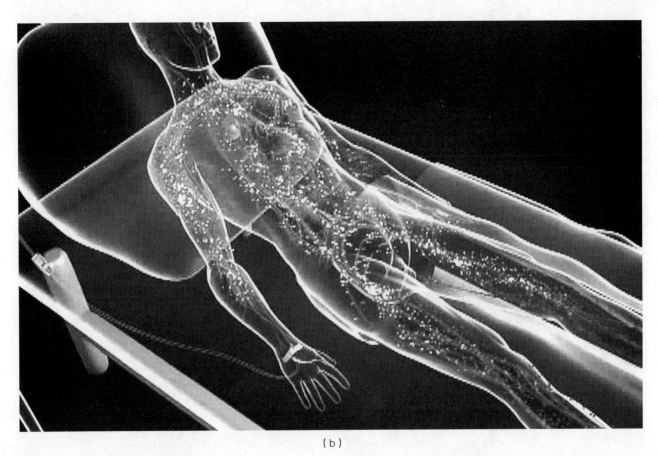

（b）

图 6-20　血液传输动画模拟（源自网络）（续）

思考题

1. 根据你日常的所见所闻，详细分析下三维动画在军事、航天、医学、地理方面的详细模拟过程，议描述性论文的形式写下来（3000 字以上）。

2. 根据你对地震的了解，对当前频发的地震进行一次逃生三维动画模拟制作，不需要制作太精细，人物可以仅用骨骼表达，重在描述如何逃生？怎样避险。

参考文献

[1] 贾否 . 动画概论 [M]. 北京：中国传媒大学出版社，2002.

[2] 肖永亮 . 当数字技术与传统艺术相融合 [J]. 创意世界 2010（6）.

[3] 刘跃军 . 动画角色品牌运营 [M]. 北京：北京师范大学出版社，2009.

[4] 贾否 . 论动画图形的非具象性 [N]. 北京电影学院学报，1982.

[5] 刘佳，肖永亮 . 数字动画基础 [M]. 北京：北京师范大学出版社，2008.

[6] 肖永亮 . 魔比斯环——一部 CG 电影的诞生 [M]. 北京：北京电子工业出版社，2006.

[7] 李珩，叶阳 . 三维动画场景设计形式探索 [J]. 电影评价，2012（3）.

[8] 肖常庆 . 影视特效的绘画重构 [N]. 北京电影学院学报，2011（5）.

后 记

　　自进入动画行业以来，笔者经常需要阅读各类动画书籍及光顾大小直营书店及网店，发现目前市面上关于三维动画类的书籍，基本上以操作命令讲解为主，仅仅是告诉按照教材点击相对应的命令能够达到某种效果，而且，必须严格遵照教材操作才能够达到既定的目标，至于，为什么那样做？点击那些命令的目的何在？教材中很少涉及，导致学习者在看教材后头脑中仅留下一堆杂乱的操作命令码，对于创作思路、制作手法一片茫然，导致学习者"知其然不知其所以然"。

　　幸运的是"高等院校动画专业核心教材"系列丛书的编写给予了笔者此次机会，从 2012 年 11 月份开始选题、申报目录、主编审核等相关工作，到 2013 年 5 月份书稿完成，前后历经七个多月，在这历时半年多的时间里有幸得到两位主编老师不辞辛苦地修改指导，以及负责此套丛书编审工作的中国建筑工业出版社诸位编辑的无私帮助，在此向他们表示深深感谢，同时也感谢我的家人为我进行专心书稿撰写而付出的默默奉献。

图书在版编目（CIP）数据

三维动画基础／肖常庆编著 .—北京：中国建筑工业出版社，
2013.9
高等院校动画专业核心系列教材
ISBN 978-7-112-15660-3

Ⅰ.①三… Ⅱ.①肖… Ⅲ.①三维动画软件－高等学校－教材
Ⅳ.① TP391.41

中国版本图书馆 CIP 数据核字（2013）第 169334 号

责任编辑：唐 旭 吴 佳
责任校对：张 颖 赵 颖

高等院校动画专业核心系列教材
主编 王建华 马振龙 副主编 何小青
三维动画基础
肖常庆 编著
＊
中国建筑工业出版社出版、发行（北京西郊百万庄）
各地新华书店、建筑书店经销
北京嘉泰利德公司制版
北京云浩印刷有限责任公司印刷
＊
开本：880×1230毫米 1/16 印张：9$\frac{1}{2}$ 字数：250千字
2013年9月第一版 2013年9月第一次印刷
定价：32.00元
ISBN 978-7-112-15660-3
　　　　　（24212）
版权所有 翻印必究
如有印装质量问题，可寄本社退换
（邮政编码 100037）